PPT
高效商务办公一本通

博蓄诚品　编著

U0221764

化学工业出版社

·北京·

内 容 简 介

办公软件已成为日常工作学习中必不可少的工具，其中 PPT 占有一席之地。本书通过大量的实操案例对 PPT 的操作方法及使用技巧进行了详细的阐述，主要内容包括：PPT 基础操作、版式与配色的知识储备、文本功能的应用、图像和形状的应用、表格和图表的应用、音频和视频的应用、动画功能的应用、链接与放映功能的应用，以及 PPT 与其他软件的协作等。

本书所选案例具有代表性，紧贴实际需要；知识讲解通俗易懂，页面版式轻松活泼。同时，本书还配套了丰富的学习资源，主要有同步教学视频、案例源文件及素材、常用办公模板、各类电子书、线上课堂专属福利等。

本书非常适合行政、销售、文秘、人力、运营等广大职场人员、PPT 新手、在校师生自学使用，还适合用作大中专院校、职业院校、培训机构相关专业的教材及参考书。

图书在版编目（CIP）数据

PPT 高效商务办公一本通 / 博蓄诚品编著. —北京：化学工业出版社，2021.7（2023.1重印）

ISBN 978-7-122-38930-5

Ⅰ. ①P… Ⅱ. ①博… Ⅲ. ①图形软件 Ⅳ. ① TP391.412

中国版本图书馆 CIP 数据核字（2021）第 066556 号

责任编辑：耍利娜　　　　　　　　　　　　　美术编辑：王晓宇
责任校对：边　涛　　　　　　　　　　　　　装帧设计：水长流文化

出版发行：化学工业出版社（北京市东城区青年湖南街 13 号　邮政编码 100011）
印　　装：北京瑞禾彩色印刷有限公司
710mm×1000mm　1/16　印张 13¾　字数 241 千字　2023 年 1 月北京第 1 版第 3 次印刷

购书咨询：010-64518888　　　　　　　　　　售后服务：010-64518899
网　　址：http://www.cip.com.cn
凡购买本书，如有缺损质量问题，本社销售中心负责调换。

定　　价：69.00 元

1. 选择本书的理由

我是老师，我需要用PPT做课件；

我是学生，我需要用PPT完成作业；

我是行政人员，我需要用PPT做各种工作汇报及年终总结；

我是设计师，我需要用PPT来给甲方展示设计方案；

……

以上种种情形，足以证明PPT的普及性、重要性。

本书不仅讲解了PPT这一软件的使用方法，还从高效应用的角度对PPT的使用技巧进行了阐述。更为关键的是，书中讲述了PPT的制作思路，让读者在遇到同类问题时能够举一反三。在创作本书的过程中，笔者摒弃了大而全、高而深的理论知识，选择实际工作中最具代表性的案例，用事实说话，手把手讲解，以使读者在短时间内更好地掌握PPT的操作要领。此外，本书选择单图、双图、大图的方式进行呈现，让读者更加直观、清晰地掌握PPT的应用方法，提升阅读体验。

本书在每章的末尾还安排了"工具体验"板块，目的是扩大读者视野，用更为便捷的小工具来实现更好的制作效果。

总之，本书内容通俗易懂、实用性强、操作性强。

2. 学习本书的方法

（1）了解自己的学习目的

你是工作中经常需要而不得不学PPT的职场小白？还是有一定PPT制作基础，想要提升PPT技能的进阶人士？如果是职场小白，那么建议从PPT基础知识开始，循序渐进地掌握PPT制作方法。如果是进阶人士，建议选择自己薄弱的部分去学习，弥补短板，这样可节省时间，提高学习效率。

（2）多练习，多实践

俗话说得好："光说不练假把式"。学PPT也一样，在学会某方法后，需要不断地练习、实践，以保证技巧熟记于心，在日后运用时才能够轻松驾驭，否则永远是原地踏步，制作水平也会停滞不前。

（3）选择最佳的解决方案

遇到问题时，需要学会变换思路，寻找最佳解决方案。在寻求多解的过程中，你会有意想不到的收获。所以建议多角度思考问题，锻炼自己的思考能力，将问题化繁为简，这样可以牢固地掌握所学知识。

（4）善于思考总结

在学习过程中，要多思考多总结。多思考别人的方法是否值得借鉴，不要盲目跟从，以免走弯路。多总结经验，弥补自己能力的不足。学习是一条漫长的路，只有不断地思考总结，才能有所收获。

3. 本书的读者对象

- 想提升PPT制作水平的职场人；
- 需要提高工作效率的办公人员；
- 即将踏入职场的学生；
- 高等院校以及培训机构的师生；
- 各行业的销售主管或销售总监；
- 公司行政管理人员。

欢迎读者加入"一起学办公"QQ群（群号：693652086），获取本书相关配套学习资源，并与作者、同行一起交流经验。

本书在编写过程中力求严谨细致，但由于时间与精力有限，疏漏之处在所难免，望广大读者批评指正。

编著者

目录

第2章 版式与配色知识储备

第3章 文本内容不可或缺

PPT颜值提升的秘籍

第4章

表格和图表的花式用法

第5章

第6章　氛围渲染的利器

第7章　动画的合理使用

第8章

交互式PPT的好处

第9章

PPT的完美呈现

第10章

PPT与其他软件的协作

附录

学前预热 | 了解PPT基本术语

在开始学习本书前，需要先了解一些PPT软件的常用术语，以便能够顺利地进入学习状态，保证学习效果。

启动PPT后，进入工作界面，可以看到界面包含了**快速访问工具栏、标题栏、功能区、导航窗格、编辑区**以及**状态栏**几个部分，如下图所示。

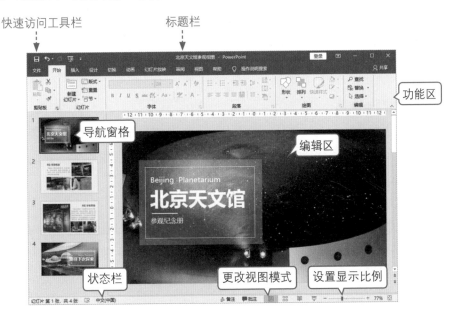

在此，首先对常见的功能术语进行介绍，例如**演示文稿、幻灯片、主题与变体、母版与版式、超链接、多媒体、排练计时、动画窗格**等。

（1）演示文稿

演示文稿指的是利用PPT软件所制作的文档。在标题栏中会显示当前演示文稿的名称。新建演示文稿后，系统会默认以"演示文稿1、演示文稿2、演示文稿3……"进行命名，该文档的后缀名为*.ppt或*.pptx。

（2）幻灯片

演示文稿是由多张幻灯片组成的，每张幻灯片都以独立的页面显示，而每张幻灯片与其他幻灯片之间又相互联系，不仅内容前后接续，页面风格也保持一致，如下图所示。

（3）主题与变体

主题是集配色、版式、字体、背景样式为一体的页面设计方案。变体是在主题方案的基础上又衍变出四组新的方案。用户可以直接套用内置主题或变体方案，也可以自定义主题方案。

（4）幻灯片版式

幻灯片版式用于更改幻灯片的页面布局，包含幻灯片上显示的所有内容的格式、位置和占位符。PPT内置了11种页面版式，可以根据需要选择不同的版式来创建幻灯片。

（5）幻灯片母版

幻灯片母版用于快速修改所有幻灯片的版式，使幻灯片具有统一的风格。在"视图"选项卡中单击"幻灯片母版"视图，即可切换至相应的视图模式，在此可对所有幻灯片的版式进行修改。

（6）占位符

占位符是指幻灯片版式上的虚线框，包含内容占位符、文本占位符、表格占位符、图表占位符、SmartArt图形占位符、图片占位符、媒体占位符等。若要在版式中添加相应的占位符，需在幻灯片母版视图中操作。

（7）幻灯片大小

幻灯片大小取决于投影幕布或显示屏的大小。PPT默认有两种页面尺寸，分别为4∶3标准和16∶9宽屏。其中，4∶3标准尺寸为25.4mm×19.5mm，接近于正方形，比较适合老式屏幕使用；而16：9宽屏尺寸为25.4mm×14.28mm，更适合目前流行的宽屏屏幕使用。

（8）切换

切换是指从一张幻灯片到另一张幻灯片之间的衔接动画效果。该动画可应用于多张幻灯片。

（9）换片方式

换片方式指幻灯片切换的模式，用户可根据需要选择"单击鼠标时"和"设置自动换片时间"两种切换模式。其中，"单击鼠标时"模式是指单击鼠标即可切换幻灯片；而"设置自动换片时间"模式是指系统会根据设定的切换时间自动进行切换。

（10）动画

动画是指在一张幻灯片中为其对象添加的动画效果。该动画仅限于当前幻灯片。

（11）动画计时

在动画"计时"选项组中，用户可以对动画设置"开始方式""持续时间""延迟"等操作。其中，"开始方式"是指动画开始播放的方式；"持续时间"是指动画播放的时长；"延迟"是指在两个动画效果之间设置停顿，或延迟动画的开始时间。

（12）动画窗格

动画窗格是PPT动画功能的重要设置窗格。在该窗格中，用户可对动画计时参数进行设置，还可对动画的各类效果进行详细的设置。

（13）超链接

使用超链接功能可以将指定的内容快速跳转至其他页面或文件中。用户可将内容链接至当前PPT的页面，也可以将内容链接至其他应用程序，如Word、Excel、Photoshop等，甚至可以链接到指定网页。

（14）排练计时

排练计时用于设置每张幻灯片放映的时长。用户可将PPT设为手动放映和自动放映两大模式。当设为自动放映模式时，需使用该功能来操作。

（15）联机演示

联机演示是指在演示中，远程观众可以在Web浏览器中查看演讲者的PPT。

（16）录制幻灯片演示

录制幻灯片的旁白和计时，可以使其更专业且精美。录制后会以视频嵌入的方式进行保存或共享，此外还可对旁白或计时进行管理。

（17）监视器

让PPT自动选择用于放映幻灯片的监视器，或者由用户自己来选择。

（18）使用演讲者视图

演讲者视图是在一个监视器上放映全屏幻灯片，而在另一个监视器上显示"演讲者视图"，在该视图中会显示下一页幻灯片预览、演讲者备注、计时器等。如果只有一个监视器，可按Alt+F5组合键切换至演讲者视图。

第1章

学好PPT，用好PPT

PPT对于职场人来说再熟悉不过了。无论从事什么行业，或多或少都会使用到PPT，所以PPT的制作已成为职场人不可或缺的技能，也是提升职场竞争力的有力武器。本章将带领读者了解PPT以及基本操作，为以后的学习打好基础。

1.1 初见PPT

PPT全称PowerPoint，是微软Office办公家族中的一员。它是集文案策划、平面设计、动画演绎为一体的演示工具。PPT可以很直观地传达出制作者的观点，因此，PPT受到了不少职场人的喜爱。

1.1.1 了解PPT的类型

现如今，无论什么岗位、什么工种或多或少都会使用到它。例如，党政机关利用PPT做相关的工作报告；各企业需利用PPT做产品推介、企业宣传等演讲稿；设计类公司需利用PPT做一些项目竞标、项目方案汇报；各类学校、培训机构利用PPT进行教学。从使用角度来看，通常将PPT分为演讲型和阅读型两大类型。

（1）演讲型PPT

顾名思义，就是在公共场合演讲时所呈现的PPT，例如大型讲座、产品发布会、各类论坛会议等。只要是说给观众听的PPT都属于该类型，如图1-1所示是小米新品发布会PPT。

图1-1

在演讲过程中，由于观众的焦点大多集中在演讲者身上，而PPT只是起到提纲挈领的作用，所以像这类PPT大多会以一两个关键语句、关键数据或带有故事情节的图片来体现。页面整体布局简单明了，给人视觉冲击力强。

注意事项 演讲型PPT比较注重视觉传达效果，在制作时，背景尽量选用暗色，少用亮色，否则会很刺眼。页面版式一定要简约大气，少用文字，多用图。

（2）阅读型PPT

从字面上理解，就是给别人阅读的PPT。不需要人解释，自己就能够完全看懂的PPT，例如教学课件、企业内训、项目设计方案、毕业答辩以及各类学术PPT等，都可列入阅读型PPT范畴，如图1-2所示是学术类PPT。

图1-2

与演讲型PPT相比，阅读型PPT比较注重内容的表达。由于没有人讲解，完全是通过自己阅读来理解其内容，所以在制作这类PPT时，需注意每页的内容要有连贯性，语言表达要有逻辑性，否则别人无法理解制作者的意图。

> **经验之谈**
>
> 如何区别演讲型PPT和阅读型PPT
>
> 大多数人会认为文字多则为阅读型，文字少则为演讲型，其实不然。对于阅读型PPT来说，完全可以利用精简的文字来表述内容，所以区别这两类型PPT的关键是看PPT是否需要人来讲解。演讲型PPT内容不连贯，思维比较跳跃，需要人来解释；而阅读型PPT内容连贯，逻辑缜密，不需要人解释，自己就能看懂。
>
> 从使用频率上看，阅读型PPT比较常用，大部分PPT模板都为阅读型模板。而演讲型PPT的级别比较高，一般会找专业的设计师进行定制，所以在日常工作中很少能用到。

1.1.2　辨别PPT的好与坏

区别好、坏PPT是学习PPT的必经之路。只有了解什么样的PPT是好的，才能够找准学习方向，少走弯路。

（1）优质PPT的特点

① **逻辑清晰，容易看懂**　优质的PPT能让观众快速理解制作者的意图，特别是对于层次关系较复杂的内容来说，用简洁明了的逻辑图表显然要比文字来描述更合适，如图1-3所示是利用文字表述，如图1-4所示是利用图表表述。相比较来说，后者比前者要更清晰、直观。

图1-3

图1-4

② **重点突出，阅读有序**　优质的PPT能让观众快速抓住重点，不会因各种装饰元素扰乱观众视线，如图1-5、图1-6所示，很明显后者要比前者更加一目了然。

图1-5　　　　　图1-6

③ **吸人眼球，观众爱看**　美观的画面会给人以赏心悦目的感觉，让人爱看；粗糙的画面则会让人产生厌恶的感觉。在注重内容质量的情况下，利用简单的设计思维制作出简洁大方的PPT，比过度追求页面视觉效果要好很多。如图1-7、图1-8所示，显然后者要比前者效果更好些。

图1-7　　　　　图1-8

（2）失败的PPT存在的情况

① **直接复制Word文案**　有时为了节省时间，不少人习惯将Word内容直接复制粘贴至PPT中，其实这样的PPT毫无意义。PPT的主要目的是为了直观地表达出自己的观点，让观众能够快速理解并接受，提高沟通效率。如果只是生搬硬套，那效果将大打折扣。

② **内容含糊不清，没有逻辑**　PPT的内容是关键，也是判断PPT好、坏的重要标准。如果内容结构模糊不清，没有逻辑，这样的PPT就算修饰得再美观，也无济于事。因为观众很难从中获取到有价值的信息，也无法领会到讲述者的意图。

> **经验之谈**
>
> 好的内容是经过提炼的，经过层级化、分段式的讲解，观点更清晰明了。

8

③ **过度使用动画** 动画是PPT的精髓，它能够快速吸引观众的注意力。但盲目地追求酷炫的动画效果、不考虑实际需求是不可取的。过多的动画只会分散观众的注意力，混淆视听，让观众无法及时抓住内容重点，这样本末倒置的PPT，无疑也是失败的。

1.2 查看员工培训PPT

在对PPT有了大致的了解后，接下来以"员工培训"为例，对PPT的结构以及查看方式进行具体的介绍。

1.2.1 了解PPT文件的组成

完整的PPT是由封面页、目录页、内容页以及结尾页这4项组成的。如果内容过多，需要分篇或分章来叙述，那就需要使用过渡页。

（1）封面页

PPT的封面页相当于门面，门面装扮得好坏与否，会直接影响观众的第一印象。封面页中展示出PPT的中心思想就够了，如图1-9所示。

在做封面页时，比较讨巧的方法是利用图文混排的方式来制作。一张恰当的配图加上一行文字标题，简单大气，不拖泥带水。

（2）目录页

目录页位于封面页之后，它主要体现的是内容大纲。通过大纲观众可以对整个PPT有一个大致的了解，如图1-10所示。目录页不太适合夸张的表现手法，只需简单扼要地将内容表达清楚就可以了。

图1-9

图1-10

（3）内容页

PPT内容页就是制作者所要表达的思想内容。该内容的展示形式有多种，有全图形、全文字、图文结合等，如图1-11所示。

（4）结尾页

PPT结尾页一般会放置感谢语，有时会加上一些激励的话语。在制作结尾页时，需要注意风格一定要与其他页面相呼应，如图1-12所示。

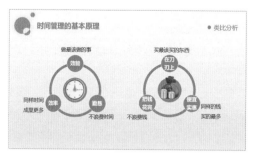

图1-11

图1-12

1.2.2　了解PPT浏览模式

PPT可以通过普通视图、幻灯片浏览视图、阅读视图以及幻灯片放映视图这4种模式进行浏览。其中，普通视图为默认的浏览模式，如图1-13所示。

普通视图是用户工作视图，该视图左侧为幻灯片导航窗格，将鼠标移至该窗格中，滑动鼠标滚轮可预览所有幻灯片效果。此外，用户还可在窗格中对幻灯片进行一些基本操作，例如，新建幻灯片、复制移动幻灯片、隐藏幻灯片等。

视图右侧为幻灯片操作区域，几乎所有的操作都是在该区域中进行的。

图1-13

在状态栏中单击"幻灯片浏览"按钮 ⬚⬚，或者在"视图"选项卡的"演示文稿视图"选项组中单击"幻灯片浏览"按钮，即可切换到幻灯片浏览模式，如图1-14所示。在该视图模式中，用户可以查看到当前文稿中所有幻灯片。需要注意：在该模式下只能浏览，不能编辑。若想对某张幻灯片进行修改，需选中幻灯片，双击鼠标切换至普通视图才可以。

图1-14

在状态栏中单击"阅读视图"按钮 📖，即可进入窗口放映状态。在这种状态下，用户可以对幻灯片中的内容和动画效果进行查看，如图1-15所示。按Esc键可返回到上一次视图模式。

图1-15

在状态栏中单击"幻灯片放映"按钮 🖵，即可进入全屏放映模式。此时，会以放映状态来展示当前幻灯片内容。该模式与阅读视图模式类似，唯一的区别在于前者为全屏放映，后者为窗口放映。

1.3 创建课件主题模板

启动PPT软件后会进入"开始"界面，单击"空白演示文稿"选项，即可新建一份空白幻灯片。对于新手用户来说，在空白幻灯片中自创版式有难度，而使用PPT内置的主题模板来创建，制作效率就会提高不少。下面以创建教学课件模板为例来介绍主题模板的创建与保存操作。

1.3.1 下载主题模板

在"开始"界面中选择"新建"选项，打开"新建"界面。在"Office"列表中单击"教育"模板关键字，进入搜索结果界面，选择所需创建的主题模板，进入"创建"界面，如图1-16所示。

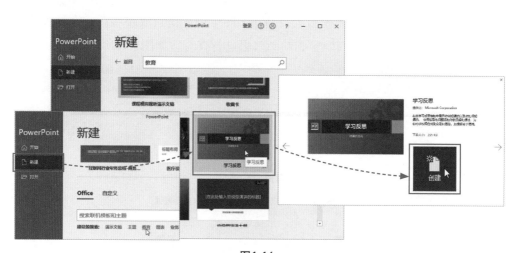

图1-16

在"创建"界面中单击"创建"按钮，稍等片刻即可打开该模板，如图1-17所示。至此，主题模板下载完毕。

图1-17

1.3.2　更换模板主题色

▶扫一扫　看视频◀

　　主题模板创建完成后，用户可以对其主题色进行更换。下面介绍具体操作方法。

　　在"设计"选项卡的"变体"选项组中，单击"其他"下拉按钮，从列表中选择"颜色"选项，并在其级联菜单中选择一种满意的颜色，这里选择"中性"选项，此时创建的模板颜色也会随之更改，如图1-18所示。

图1-18

注意
事项

只有使用PPT内置的主题模板才可以利用"变体"功能进行快速配色。此外，在"变体"列表中用户还可以对字体、效果以及背景进行更换。

▶扫一扫 看视频◀

1.3.3 保存主题模板

下载的主题模板调整好后，用户可以进行保存操作，以便日后直接调用。在"设计"选项卡的"主题"列表中单击"其他"下拉按钮，在其列表中选择"保存当前主题"选项。在打开的"保存当前主题"对话框中设置好文件名，单击"保存"按钮即可，如图1-19所示。

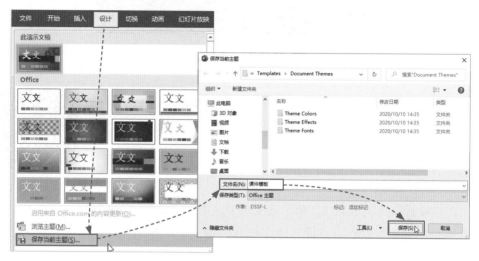

图1-19

当下次需要调用该模板时，只需在"设计"选项卡的"主题"选项组中单击"其他"下拉按钮，从"自定义"列表中选择所保存的模板选项，即可应用到当前幻灯片中，如图1-20所示。

图1-20

经验之谈

如果想要删除自定义的主题模板，只需在"主题"列表中右击所需主题模板，在打开的快捷菜单中选择"删除"选项即可。

1.4 调整成都印象宣传稿

PPT创建好后，接下来的工作就是对每张幻灯片进行操作了，例如调整幻灯片大小、调整幻灯片的顺序、设置幻灯片的背景等。下面以调整"成都印象"宣传文稿为例来介绍具体的操作。

1.4.1　调整宣传稿页面大小

▶扫一扫　看视频◀

在创作PPT之前，首先要了解放映场地的尺寸，然后再根据该尺寸来定页面大小，否则精心做好PPT后，发现页面尺寸与放映尺寸不符，那就得不偿失了。下面就来介绍幻灯片的大小进行设定操作。

打开"成都印象"PPT文件，在"设计"选项卡中单击"幻灯片大小"下拉按钮，在列表中可以选择"标准（4：3）"选项或"宽屏（16：9）"选项，如图1-21所示。在打开的提示对话框中单击"确保适合"选项，如图1-22所示。

图1-21

图1-22

设置完成后，页面由原来的16：9（图1-23）更改为4：3（图1-24）的大小了。

图1-23

图1-24

老师，现在很多发布会上所用的PPT是横幅式，像这种特殊的页面尺寸该如何设置？

很简单，只要在"幻灯片大小"列表中选择"自定义幻灯片大小"选项就可以解决了。

单击"幻灯片大小"下拉按钮，在列表中选择"自定义幻灯片大小"选项，在打开的"幻灯片大小"对话框中，单击"幻灯片大小"下拉按钮，从列表中选择"横幅"选项即可，如图1-25所示。

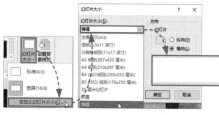

图1-25

1.4.2　调整宣传稿的前后顺序

▶扫一扫　看视频◀

打开"成都印象"PPT文件后，会发现幻灯片的前后顺序需要调整，并且还需删除多余的空白幻灯片。下面将结合相关知识点来介绍具体的设置操作。

（1）移动与复制幻灯片

想要对幻灯片的顺序进行调整，只需要将所需幻灯片移动到目标位置即可。切换到幻灯片浏览视图，选择第8张幻灯片，按住鼠标左键不放，将其移动至第1张幻灯片右侧空白处，如图1-26所示，松开鼠标即可完成移动操作。

图1-26

按照内容需求，调整其他幻灯片的顺序，结果如图1-27所示。

图1-27

在制作过程中，经常会遇到要制作相似内容的幻灯片，这时就可以使用复制功能来操作。选中所需幻灯片，先按Ctrl+C组合键进行复制，然后在目标位置按Ctrl+V组合键将其粘贴即可，如图1-28所示。

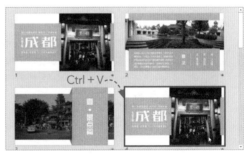

图1-28

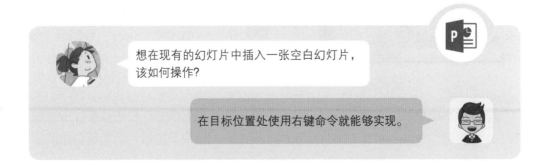

想在现有的幻灯片中插入一张空白幻灯片，该如何操作？

在目标位置处使用右键命令就能够实现。

在该视图模式中指定好插入点，单击鼠标右键，在快捷列表中选择"新建幻灯片"选项，即可插入一张空白幻灯片，如图1-29所示。

图1-29

（2）隐藏与删除幻灯片

在制作过程中，想要使某些幻灯片内容不被放映出来，可以将其隐藏。右击所需幻灯片，在快捷列表中选择"隐藏幻灯片"选项，即可完成隐藏操作。此时，该幻灯片呈半透明状态，同时幻灯片的编号上会显示"\"图标，这就说明该幻灯片已为隐藏状态，如图1-30所示。

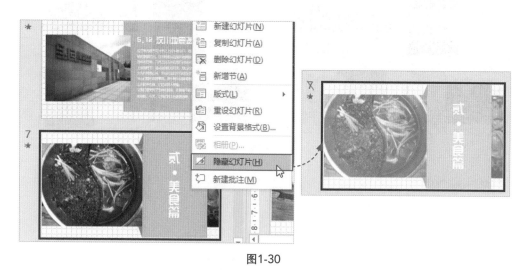

图1-30

幻灯片被隐藏后，在放映时是不会被放映出来的，但该幻灯片还是存在的。如果下次想要将它放映出来，只需将其取消隐藏即可。操作很简单：右击被隐藏的幻灯片，在快捷列表中再次选择"隐藏幻灯片"选项即可。

如果想要将其彻底删除，那么只需按Delete键即可。例如，在本案例中选择第3张空白幻灯片，按Delete键删除就可以了。删除后，幻灯片将重新编号，如图1-31所示。

图1-31

　注意事项　以上操作在普通视图的导航窗格中同样也可以执行。

1.4.3　更改宣传稿的背景

▶扫一扫　看视频◀

当前宣传稿背景为方格图案，现将背景更改为白色，使其与内容版式更加和谐。

将视图模式切换到普通视图。选中首张幻灯片，在"设计"选项卡中单击"设置背景格式"按钮，打开同名设置窗格，如图1-32所示。

图1-32

在"填充"选项组中单击"纯色填充"单选按钮，并单击"颜色"下拉按钮，在打开的颜色列表中选择白色，如图1-33所示。此时，该幻灯片背景已更改为白色，如图1-34所示。

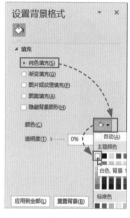

图1-33

图1-34

以上操作仅对当前幻灯片的背景进行了设置，其他幻灯片背景是无变化的。此时，只需在"设置背景格式"窗格中单击"应用到全部"按钮，即可将该背景应用于所有幻灯片中。

常见的页面背景有4大类，分别为纯色背景、渐变色背景、图片背景以及图案背景。用户可以根据页面版式、风格来选择使用。

（1）纯色背景

纯色背景使页面看上去干净、简洁大方，它能够很好地突出主题内容，如图1-35所示。在选用颜色时，切勿选择过于鲜艳的颜色，因为鲜艳的颜色会非常刺眼，不适合长时间观看。

在实际操作中想要设置纯色背景，可在"设置背景格式"窗格中单击"纯色填充"单选按钮，并选择所需的颜色即可。

（2）渐变色背景

相对于纯色背景，渐变色背景看起来更有质感一些。它非常考验设计者对颜色、审美的基本

图1-35

素养。在选择渐变色时，选择2～3种色系为最佳，如图1-36所示，尽量不要选择互补色（色环180°所指的颜色：红和绿、蓝和橙、紫和黄）来做渐变，否则页面效果会显得特别廉价。

图1-36

用户可在"设置背景格式"窗格中单击"渐变填充"单选按钮，在打开的列表中设置好渐变方向、渐变光圈、渐变颜色等选项即可，如图1-37所示。

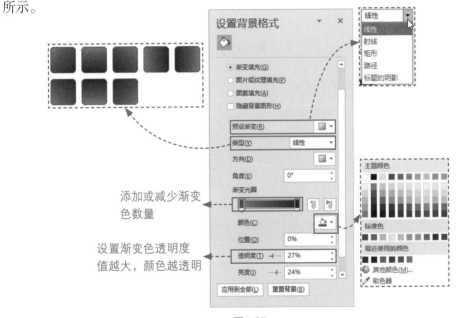

图1-37

（3）图片背景

利用图片作页面背景是快速提升页面档次的一种行之有效的方法。即使PPT制作水平不高，利用它也可以制作出美观的页面效果，如图1-38所示。但需要注意的是，选用的图片一定要清晰，并且图片的内容要与主题相符才行。

图1-38

在"设置背景格式"窗格中单击"图片或纹理填充"单选按钮，在"图片源"选项组中单击"插入"按钮，在"插入图片"对话框中选择好背景图片，单击"插入"按钮即可，如图1-39所示。

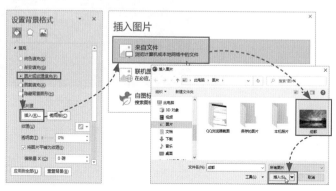

图1-39

（4）图案背景

如果纯色背景看起来有点单调，那么可以尝试使用图案背景进行装饰。PPT自带有很多图案效果，只要运用得当，效果也会很出彩。此外，利用网络上分享的图案素材也是一个不错的选择，如图1-40所示。需要注意的是，不要选择过于夸张的图案，否则页面背景会很抢眼，不利于内容的阅读。

图1-40

在"设置背景格式"窗格中单击"图案填充"单选按钮，在打开的图案列表中选择好合适的图案，设置好"前景"颜色和"背景"颜色即可，如图1-41所示。

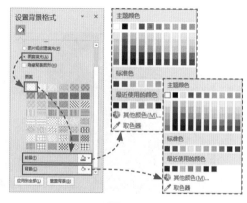

图1-41

拓展练习：修改并保存总结计划模板

▶扫一扫　看视频◀

从网上下载的PPT模板，通常需要经过一些必要的修改才能使用，例如删除多余的幻灯片、对幻灯片的版式进行调整等。下面以"工作总结计划"为例来介绍具体修改操作。

Step 01 打开"工作总结计划"模板文件。在幻灯片导航窗格中选择第3张幻灯片，按Delete键将其删除，如图1-42所示。

Step 02 按照同样的操作，删除第5、7、9张幻灯片，结果如图1-43所示。

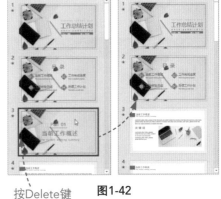

按Delete键　　**图1-42**

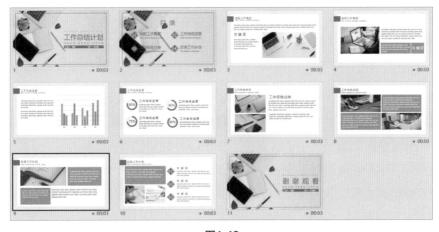

图1-43

Step 03 选中第2张目录页，在"开始"选项卡中单击"版式"下拉按钮，在打开的版式列表中选择"节标题"版式，如图1-44所示。

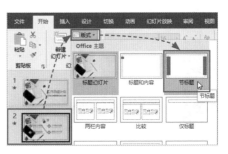

图1-44

Step 04 选择好后，该目录页将会应用相应的版式，结果如图1-45所示。

Step 05 在"切换"选项卡中，取消"设置自动换片时间"选项的勾选，并单击"应用到全部"按钮，此时该文件中所有幻灯片都已取消自动换片的操作，如图1-46所示。

图1-45

图1-46

经验之谈

经常会有人发出疑问，在放映幻灯片时，一页内容还没解释完就自动换片了。这是因为你勾选了"设置自动换片时间"选项，启动了自动换片功能才会这样。只需要取消该选项的勾选，问题就解决了。

Step 06 至此，模板文件调整完毕。接下来，将该模板进行保存。在"文件"列表中，选择"另存为"选项，打开相应的对话框，将"保存类型"设置为"PowerPoint模板"选项，单击"保存"按钮即可，如图1-47所示。

Step 07 当下次调用时，只需在"新建"界面中选择"自定义"选项，双击"自定义Office模板"文件夹，单击保存的模板，进入创建界面，单击"创建"按钮，即可打开该模板，如图1-48所示。

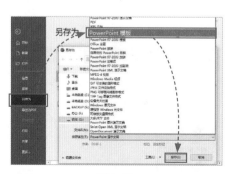

图1-47

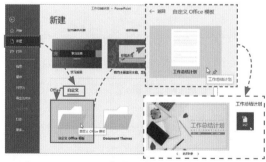

图1-48

工具体验：思维导图——提升你的逻辑思维

思维导图通过文字、线条、颜色、图像、结构，运用图文并茂的形式，充分使用并开发左右脑功能，被称为"全脑思维工具"。那么，它与PPT有什么关系呢？

本章一开始就强调PPT的内容一定要有逻辑性，思维一定要清晰。那如何才能做到呢？这里建议用户在做PPT前，先利用思维导图列出内容大纲。用户可分以下3步来绘制。

- 将所有想要表达的观点都一一罗列出来，利用连接线区分出前后层级关系。
- 对所罗列的观点进行筛选，保留重要的信息，删除无关紧要的信息。
- 对筛选后的信息进行细化处理，形成一个系统的思维导图。

如图1-49所示是教学课件思维导图。

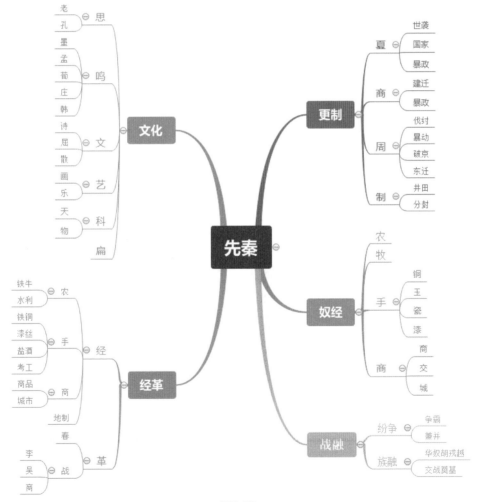

图1-49

　　大纲导图绘制好后，接下来就可以根据大纲内容来做PPT了。相信这样的PPT内容质量一定不会差。至于用什么样的工具来画思维导图，其实最简单的方法就是一张纸和一支笔。当然，市面上还有很多绘制思维导图的小工具，例如Xmind、MindMaster、GitMind等，用户也可以下载下来进行体验。

第2章

版式与配色知识储备

　　虽说PPT内容是区别好坏PPT的关键，但颜值也很重要。高颜值的PPT能够弥补内容上的不足，起到锦上添花的作用，让PPT展示得更加完美。本章将向读者介绍一些提升PPT颜值的技巧。希望读者通过学习，将这些技巧运用到实际制作中，从而提升PPT制作水平。

2.1 调整民宿项目计划书

版式和配色是决定PPT颜值的两大要素。本节将以"民宿项目计划书"为例来介绍PPT版式的设计技巧，包括PPT版式的制作原则、版式的制作类型、版式制作的实用工具等。

2.1.1 页面排版的4大原则

在对页面进行排版时，通常需遵循重复、对齐、对比和亲密这4项原则。

（1）重复

重复不是简单的复制，而是页面中的元素按照一定的规律进行统一摆放。在整个PPT中重复使用同一颜色、同一形状、同一字体等，可快速统一PPT风格，来增强整体的条理性和统一性，如图2-1所示。

图2-1

（2）对齐

页面中任何元素都不能随意摆放，对齐是为了让画面更加干净整齐，使内容更具有条理性，观众的目光会聚焦在对齐的位置，这样也能更好地传达信息内容，如图2-2所示。

图2-2

（3）对比

用户可通过大小、颜色、远近、虚实等手段，构建出内容的主次关系，让观众可以快速获取到关键信息，如图2-3所示。

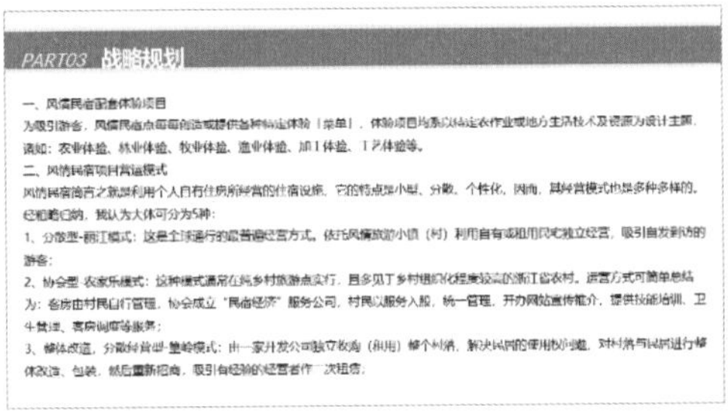

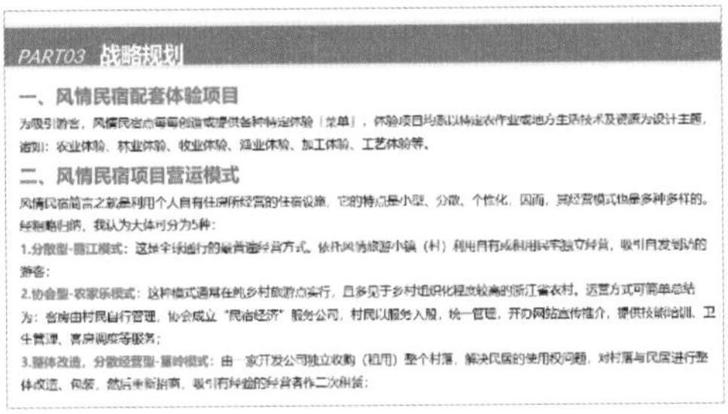

图2-3

（4）亲密

亲密是指将页面中的信息分门别类，相干的内容可亲近一些，不相干的内容疏远一些。这样可以减少信息混乱，为观众提供清晰的内容结构，以便观众迅速筛选信息，如图2-4所示。

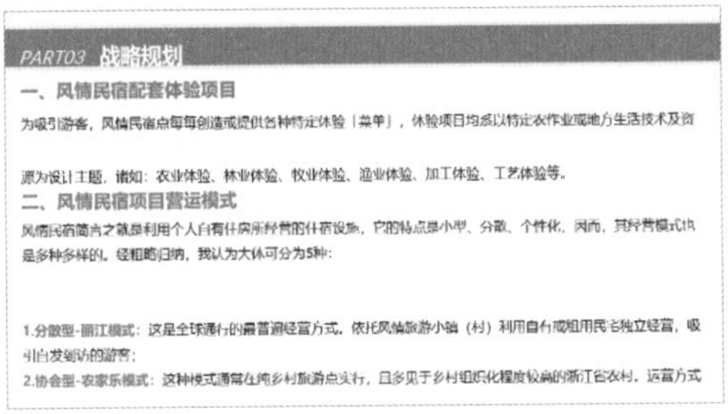

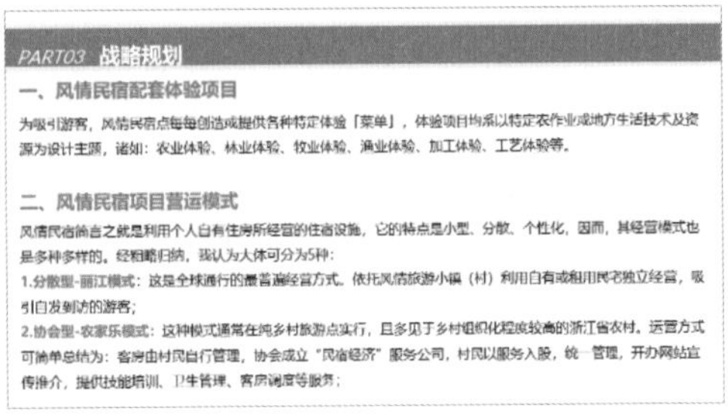

图2-4

2.1.2　页面排版的类型

▶扫一扫　看视频◀

PPT软件自带11种版式类型，在制作时可以直接套用。如果这些版式不能够满足需求，那么用户也可以自定义页面版式。

（1）套用内置的版式

在"开始"选项卡中单击"新建幻灯片"下拉按钮，在打开的列表中会显示11种页面版式，如图2-5所示。其中，"标题幻灯片"为系统默认的版式。当创建一个空白演示文稿时，会以"标题幻灯片"版式显示，如图2-6所示。

在制作过程中单击"版式"下拉按钮，在打开的版式列表中选择一款新的版式，可更换当前的版式，如图2-7所示。

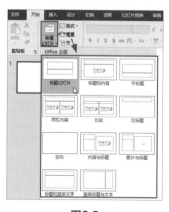

标题幻灯片

单击此处添加标题

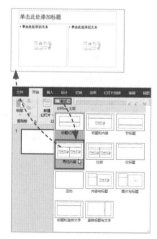

图2-5　　　　　　　　图2-6　　　　　　　　图2-7

经验之谈

版式中的文本框叫占位符。占位符又分很多种：文本占位符、内容占位符、图片占位符、图表占位符等。单击占位符中的"单击此处添加文本"字样，可直接输入文本内容，如图2-8所示。单击占位符中的元素按钮（图片、表格、图表、视频），可快速插入相应的元素，如图2-9所示。

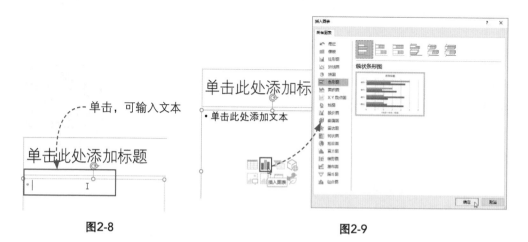

图2-8　　　　　　　　　　　　　　图2-9

（2）自定义页面版式

当内置的版式无法满足设计需求时，用户可以对版式进行自定义操作。常见的页面版式大致分为4种，分别为左右型、上下型、居中型和全图型。

① **左右型** 将页面分成左右两部分，左边文字，右边图；或者左边图，右边文字，如图2-10所示。这种类型的版式常用于介绍类PPT，例如产品介绍、人物介绍等。

图2-10

② **上下型** 将页面分为上、下两个部分。该版式是PPT最常用的版式。一般页面上半部分为标题，下半部分为文字、图片或图表，如图2-11所示。

图2-11

③ **居中型** 将内容居中对齐，页面四周留白，画面聚焦在内容本身。虽然版式比较简单，但它可以有效地突出主题，聚集全场焦点，如图2-12所示。

图2-12

④ **全图型** 将整张图片作为PPT的背景的一种排版形式，当PPT页面中的文字

内容较少时，或者为了突出视觉效果，可以采取这种版式，如图2-13所示。

图2-13

2.1.3 好用的排版小工具

▶扫一扫 看视频◀

　　辅助线和对齐工具是两款非常好用的排版工具。辅助线可以帮助用户快速精准地对齐页面元素，平衡页面版式。而对齐工具可以将多个元素一键对齐，并且能够实现等距离分布对齐操作。

（1）辅助线工具

　　默认情况下，辅助线工具为关闭状态。当需要时，用户可以将其开启。在"视图"选项卡中勾选"参考线"复选框即可开启。此时在页面中会显示两条相互垂直的参考线，如图2-14所示。

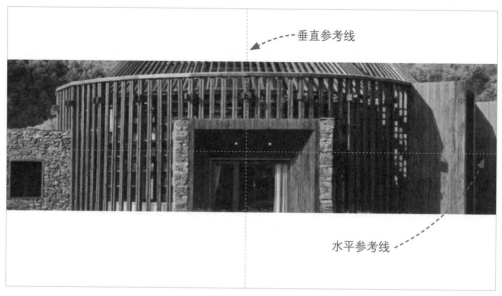

图2-14

将光标移至参考线上，当光标呈双向箭头时，按住鼠标左键不放，将参考线拖至目标位置，松开鼠标即可移动参考线，如图2-15所示。

图2-15

选中移动后的参考线，按住Ctrl键，将该参考线向右拖拽至合适位置，放开鼠标，即可完成参考线的复制操作。按照同样的复制操作，完成其他参考线的定位，如图2-16所示。

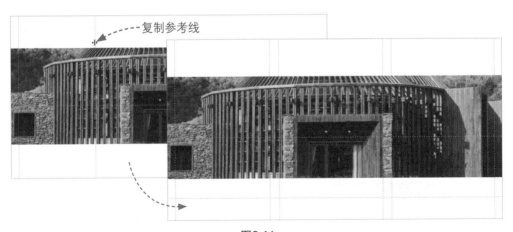

图2-16

在"插入"选项卡中单击"形状"下拉按钮，在其列表中选择"矩形"形状，捕捉左侧两条参考线的交点为矩形的起点，按住鼠标左键不放，指定矩形对角点，此时所指定对角点会自动吸附在相应位置的参考线交点上。按照同样的方法，绘制其他两个矩形，结果如图2-17所示。

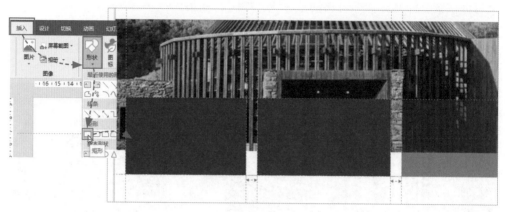

图2-17

利用参考线可以先对页面进行合理的规划，绘制大致的版式框架，然后再利用各种元素进行具体的细化，丰富页面，如图2-18所示。

经验之谈

如果想要删除多余的参考线，只需将其选中，并拖至页面外即可。此外右击参考线，在打开的右键菜单中，用户可对参考线的颜色进行设置。

图2-18

（2）对齐工具

想要快速对齐多个元素，可利用对齐工具进行操作。下面举例介绍对齐工具的具体应用。使用对齐工具的前后对比效果如图2-19所示。

图2-19

先选中左侧3个圆角矩形，在"绘图工具-格式"选项卡中单击"对齐"下拉按钮，在打开的列表中选择"水平居中"选项，对齐效果如图2-20所示。

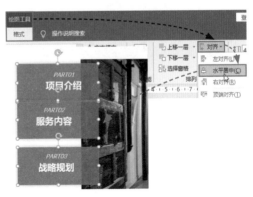

图2-20

将对齐后的3个圆角矩形保持选中状态，再在"对齐"下拉列表中选择"纵向分布"选项，对齐效果如图2-21所示。

图2-21

选中第1个圆角矩形以及矩形中的文字，单击"对齐"下拉按钮，在列表中选择"右对齐"以及"垂直居中"两个对齐项，将文字以矩形中心为基准进行对齐操作，结果如图2-22所示。

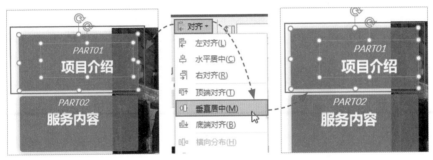

图2-22

按照同样的操作，对齐其他两个圆角矩形中的文本内容。至此，页面左侧圆角
矩形对齐完成。

2.1.4 美化计划书目录页版式

如图2-23所示的计划书目录页为全图型版式，整体比较呆
板。背景图没有视觉焦点，给人感觉该图片可有可无。另外页面
中白色底纹显得很突兀，视觉上很不舒服。如图2-24所示的是调整后的效果，整体
要比前者好很多。

图2-23

图2-24

打开原始文件，删除白色底纹和目录内容，保留背景图片，并将其选中，在
"图片工具-格式"选项卡中单击"裁剪"按钮，选中裁剪控制点，将其移至图片
所需位置，如图2-25所示。

图2-25

调整完成后，再次单击"裁剪"按钮，即可完成图片裁剪操作。将裁剪后的图
片调整至页面中心位置，如图2-26所示。

图2-26

　　开启参考线工具，将参考线进行移动和复制操作。在"插入"选项卡中单击"形状"下拉按钮，从列表中选择"圆角矩形"形状，捕捉左上角参考线的交点，绘制圆角矩形，绘制后在"绘图工具-格式"选项卡中单击"形状填充"下拉按钮，从中选择所需的填充颜色即可更改矩形颜色，结果如图2-27所示。

图2-27

　　在"形状"列表中选择"直线"形状，捕捉参考线的交点，绘制垂直线。在"绘图工具-格式"选项卡中单击"形状轮廓"下拉按钮，在列表中选择白色，调整直线的颜色，如图2-28所示。

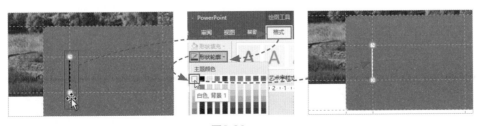

图2-28

按照同样的操作完成其他直线的绘制。在"插入"选项卡中单击"文本框"下拉按钮，从列表中选择"横排文本框"选项，在页面合适位置绘制文本框，并输入目录内容，设置好字体格式，结果如图2-29所示。

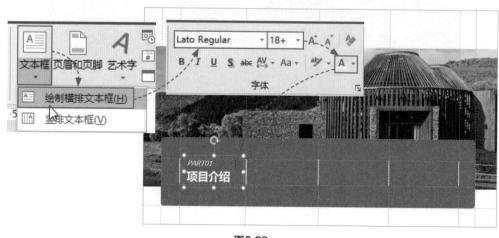

图2-29

复制文本内容至其他位置，并调整复制后的内容即可完成该页面版式的调整操作。

2.2 调整舞蹈培训计划封面颜色

想要让自己的PPT眼前一亮，除了有新颖的页面版式外，配色也很关键。对于没有设计经验的人来说，想要做出一套好的配色确实困难。那么这类人该如何进行页面配色呢？下面以"舞蹈培训计划"文件为例来介绍PPT快速配色的技巧。

2.2.1 页面快速配色小秘诀

配色是一门专业的学科，需要经过专业的学习以及长期的经验累积才行。而对于新手来说，仅仅为了学习PPT而专门系统地学习配色这门学科也不实际。在此，笔者总结了几条快速配色小技巧，希望能解决新手们的燃眉之急。

（1）根据行业配色

每个行业其实都会有符合其特质的颜色，比如提起金融行业就会想到金黄色，水力、电力系统就会想到蓝色等，所以根据行业配色也是一个非常好的选择。

不同的颜色给人的感知也不同，例如红色给人热情、喜庆、活力、兴奋、危险等感受，比较适用于政府宣传、企业年会、新年贺卡、金融系统等PPT，如图2-30所示。

图2-30

绿色给人以健康、环保、新鲜、年轻、生命力、安全感受，比较适用于运动健身行业、环保行业、医疗行业、旅游行业等PPT，如图2-31所示。

蓝色给人以平静、清凉、科技、沉着、忧郁、保守、孤独等感受，常用于产品宣传、企业宣传、电子科技等商务PPT，如图2-32所示。

图2-31

黄色给人以温暖、明亮、幽默、繁华、警戒、非正式等感受，常用于餐饮、儿童教育、安全警示等PPT，如图2-33所示。

图2-32

图2-33

紫色给人以高贵、优雅、华丽、性感、神秘、浪漫等感受，常用于女性美容产品、体操舞蹈行业、珠宝设计行业等PPT，如图2-34所示。

黑色给人以庄重、时尚、高级、坚硬、恐怖、不安等感受。黑色为百搭款，它作为辅助色，可以起到很好的衬托作用，能够快速提升页面的质感，如图2-35所示。

图2-34

图2-35

白色给人以纯净、简约、正义、和平、离别等感受，与黑色相同，白色作为辅助色，可使页面瞬间变得干净、整洁，如图2-36所示。

各种颜色都有着自己的"性格"特征，不同的颜色营造出的氛围也不同，所以用户在制作PPT时可以根据PPT的主题内容来选择使用。

图2-36

（2）根据Logo配色

公司Logo代表着公司的整体形象，它是由专业的设计师潜心研究出来的，所以取Logo颜色进行配色是非常保险的方法，如图2-37所示。

图2-37

注意事项 在取Logo色时，一定要注意颜色的饱和度。如果Logo颜色过于饱和，那么在取色时一定要降低饱和度，这样页面配色才会显得大气，否则会显得非常廉价。

遇到好的配色作品，我该如何将其颜色应用到自己的PPT中呢？

运用PPT中的取色器就能够很方便地复制颜色了。

2.2.2 利用配色工具快速配色

复制颜色的方法有很多，常用的方法有两种：一种是利用PPT的取色器进行复制；另一种是利用RGB色值准确复制。下面以调整"舞蹈培训"封面颜色为例来介绍具体的操作。

▶扫一扫 看视频◀

（1）利用取色器复制颜色

打开"舞蹈培训"文件，将"参考素材"图片直接拖至该文件合适位置，如图 2-38所示。

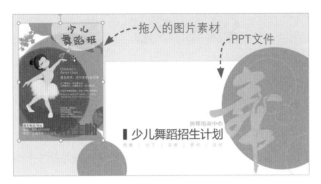

图2-38

选中右侧绿色圆形，在"绘图工具-格式"选项卡中单击"形状填充"下拉按钮，在其列表中选择"取色器"选项，此时光标变成吸管形状，如图2-39所示。

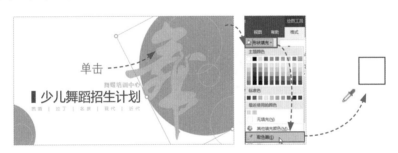

图2-39

将吸管移至左侧图片素材上方，吸管右上角方框中会显示当前的颜色及该颜色R、G、B的色值。在需要的颜色上单击，此时被选中的圆形颜色已发生了变化，如图2-40所示。

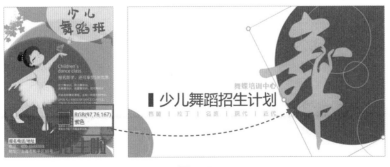

图2-40

选中页面右侧"舞"字，同样使用"吸管"工具，吸取左侧图片素材上的文字颜色，结果如图2-41所示。

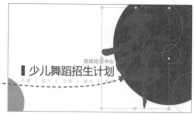

图2-41

将"舞"字保持选中状态，在"绘图工具-格式"选项卡中单击"形状轮廓"下拉按钮，在列表中选择白色，并将其"粗细"设为3磅，结果如图2-42所示。

选中页面标题文本框，在"开始"选项卡中单击

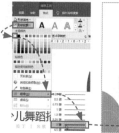

图2-42

"字体颜色"下拉按钮，在列表中选择"取色器"选项，并吸取图片中相应的颜色来更换标题颜色，结果如图2-43所示。

图2-43

接下来，按照同样的操作方法，完成页面中其他元素颜色的更换操作，最终结果如图2-44所示。

图2-44

（2）利用RGB色值复制颜色

　　每种颜色的色值都不相同，为了能够准确地区分各种颜色，系统会使用RGB三种颜色的数值（0~255）来表示。R代表红色；G代表绿色；B代表蓝色。这三种颜色按不同的比值混合在一起，可产生各种不同的颜色。

　　例如纯红色，R值为最大值255，G值和B值为最小值0，所以它的RGB色值为（255，0，0）。利用这种方式可表达出1600万种颜色，如图2-45所示的是几种基础色的RGB色值，可以看出，RGB中只要有一个数值发生变化，其颜色就会有所不同。

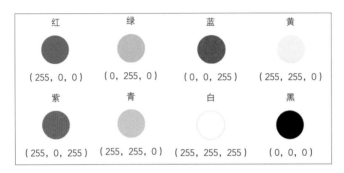

图2-45

　　当用户获取到所需的RGB值后，只需在设置填充色时，选择"其他填充颜色"选项，在打开的"颜色"对话框中选择"自定义"选项卡，当"颜色模式"为RGB时，即可输入R、G、B的数值了，如图2-46所示。

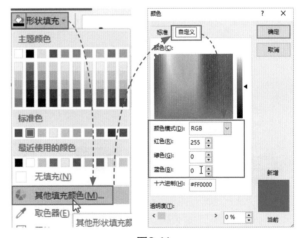

图2-46

经验之谈

　　获取RGB值的方法有很多，大多数配色网站上会标明每种颜色的RGB值，用户只需将其复制到相应的数值框中即可。如果没有标明，可开启QQ截图功能，在截取时，将光标移至所需颜色上方，系统即会显示出该颜色的RGB值。

拓展练习：制作公司新品展示页版式

▶扫一扫 看视频◀

下面将结合本章所学知识点来对公司新品展示页版式进行调整，如图2-47所示的是调整前的版式，图2-48所示的是调整后的版式。

图2-47

图2-48

Step 01 打开原始素材文件。在"设计"选项卡中单击"设置背景格式"按钮，在打开的窗格中设置好背景色，如图2-49所示。

Step 02 将文字位置调整至页面左侧，将图片调整至页面右侧，如图2-50所示。

图2-49

图2-50

Step 03 选中图片，使用"裁剪"功能，剪掉图片多余的部分，如图2-51所示。

Step 04 在"插入"选项卡中单击"形状"下拉按钮，从列表中选择"矩形"选项，在页面右侧绘制矩形，并将矩形的颜色设为白色，将矩形轮廓设为无轮廓，如图2-52所示。

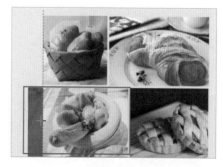

图2-51

Step 05 右击白色矩形，在快捷列表中选择"置于底层"选项，将矩形置于图片下方，并调整好矩形的位置，如图2-53所示。

图2-52

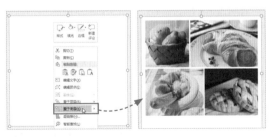

图2-53

Step 06 选中白色矩形，在"绘图工具-格式"选项卡中单击"形状效果"下拉按钮，在列表中选择"阴影"选项，为矩形添加阴影，如图2-54所示。

Step 07 在"阴影"列表中选择"阴影选项"，打开相应的设置窗格，在此将"模糊"参数设为10，如图2-55所示。

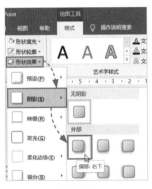

图2-54

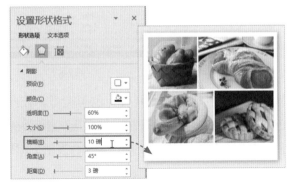

图2-55

Step 08 选中左侧文字内容，调整其字体、字号、颜色及文字的位置。同时插入心形形状，并设置好心形的颜色和位置，即可完成所有操作，如图2-56所示。

图2-56

工具体验：配色神器——Adobe Color CC

Adobe Color CC是Adobe公司推出的一款在线配色神器，它对没有配色基础的人非常友好，操作简单，易上手。该工具无须用户下载安装，在线就可进行配色操作，从而避免在安装过程中出现各种问题而无法使用的现象。

在地址栏中输入https://color.adobe.com/zh/create/color-wheel，即可进入该网站，网站界面如图2-57所示。

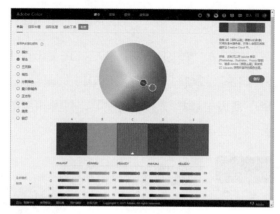

图2-57

界面正中为色环，左侧列表为色彩类型，在此可以选择所需类型，例如选择"单色"类型，然后拖动色环中的取色点，指定好一个主色。系统会自动匹配相应的配色方案，并显示在色环下方，同时会表明方案中各颜色的RGB值，获取到色值后即可将其应用至PPT中，如图2-58所示。

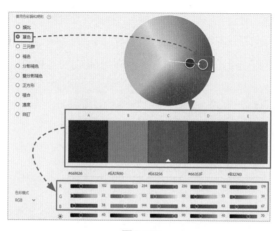

图2-58

经验之谈

　　单色是指页面主色只使用一种颜色。所谓的单色并不"单"，往往需要基于单色的色相，调整出不同饱和度和明度的颜色，从而使页面层次更加丰富。在色环中90°之间的色块为类似色，这类色彩搭配柔和、大方，易产生明快、生动的层次效果；120°所指向的两个色块均为对比色（如红、黄、蓝），这三种色彩的搭配会形成非常和谐的组合；180°所指向的两个色块均为互补色（如红、绿；蓝、橙等），这两种色彩在视觉上形成互补关系。通常其中一个色彩作为主色或背景色，另一个作为强调色或衬托色而加以运用。

　　在网站导航栏中单击"探索"选项，进入探索界面，在此可以选择系统内置的配色方案进行快速配色，如图2-59所示。

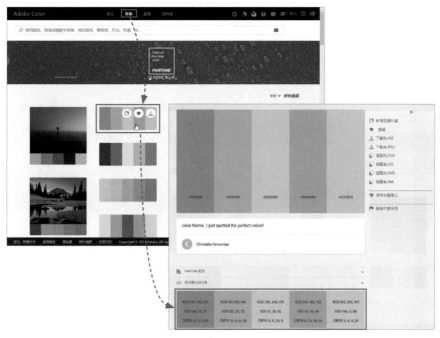

图2-59

第3章

文本内容
不可或缺

同样是输入文本，为什么别人的看起来那么赏心悦目，而自己的却那么呆板？那是因为你对文本还不甚了解。文本与人一样，有着不同的"性格"和"气质"。运用得好，可让PPT锦上添花。本章将着重对PPT文本的相关应用进行介绍，希望通过本章的学习，能够刷新你对文本的认知。

3.1 输入病例汇报封面标题

封面页是PPT的门面，是给人第一印象的关键页。在制作中除版式、配色安排合理外，标题设置也应简洁明了。下面以"医疗病例汇报"为例来介绍封面标题设置的具体操作。

3.1.1 输入封面标题文本

在PPT中输入文本的方法有很多，其中使用文本框功能的占多数。文本框比较灵活，可以在页面任意处输入文本。插入文本框时，用户可以根据页面排版需要选择横排或竖排文本框两种类型。

在"插入"选项卡中单击"文本框"下拉按钮，在列表中选择"绘制横排文本框"选项，在封面页合适位置，使用鼠标拖拽的方法绘制该文本框，并输入标题内容，如图3-1所示。

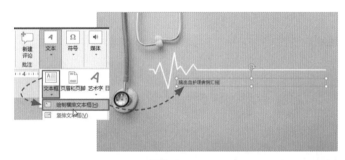

图3-1

利用文本框输入是一种方法，此外，用户还可以使用艺术字功能来输入文本。在"插入"选项卡中单击"艺术字"下拉按钮，在其列表中会显示多个预设的文字样式，选择其中一款样式后，即可在页面中显示艺术字文本框，输入所需的标题内容即可，如图3-2所示。

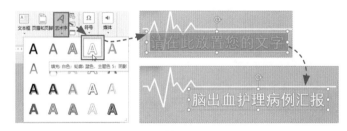

图3-2

经验之谈

插入艺术字后，用户可以对该样式进行二次设置，选中艺术字文本框，在"绘制工具-格式"选项卡中分别通过"文本填充""文本轮廓""文本效果"这3个选项进行设置即可。

3.1.2 设置标题文本格式

文本输入后，通常需要对文本进行一番修饰，例如设置文字字体、字号、颜色等，大多数人在修饰文本时，只会机械性地调整字号、换个颜色，忽视了字体的重要性。其实，想要提高页面的美观度，字体的选择也很关键。

（1）根据主题选用字体

每种字体都有着独特的"气质"，例如黑体给人以饱满、刚劲有力的感受，而宋体则给人以纤细、苗条、温文尔雅的感受，所以不同主题应选用不同的字体。

① **正式、严肃主题**　主要用于商务会议、学术研讨、政府报告等，该类PPT通常会选用黑体、微软雅黑、方正黑体、汉仪黑体等字体，如图3-3所示。

② **轻松、诙谐主题**　用于非正式场合，例如活动庆典、影视宣传、电子相册、儿童教育等。这类PPT的字体可以夸张一些，例如手写字体、书法字体、卡通字体等，如图3-4所示。

图3-3

图3-4

> **经验之谈**
>
> 字体分两类，分别为衬线字体和非衬线字体。衬线字体在字的笔画开始和结束位置有额外的修饰，笔画粗细不一。最具有代表性的字体为宋体。无论是古风，还是小清新风格的PPT，搭配衬线字体无疑最合适不过了。而非衬线字体笔画粗细相同，没有多余的修饰，最具有代表性的字体为黑体。该字体较为醒目，整体大方简约，识别度性高，可以说是职场PPT通用字体。

（2）设置基本的文字格式

对字体有了大致的了解后，下面将对病例汇报封面中的标题进行美化。由于该主题属于工作汇报型，不宜用夸张的字体，所以选用黑体类字体即可。

在封面页中选择标题内容，在"开始"选项卡的"字体"选项组中单击"字体"下拉按钮，在字体列表中选择"黑体"选项。单击"字号"下拉按钮，将字号设为66，单击"加粗"按钮，将当前标题加粗显示，单击"字体颜色"下拉按钮，将颜色设为白色，结果如图3-5所示。

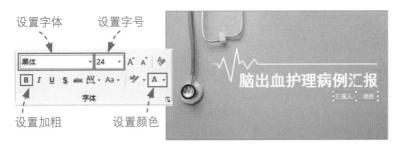

图3-5

接下来输入副标题内容，并设置好该标题格式，结果如图3-6所示。

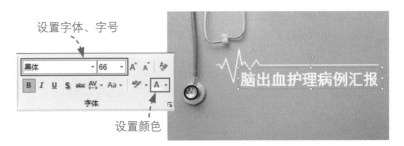

图3-6

在"字体"选项组中，除了基本的文字格式外，还可以根据需要设置一些特殊效果，例如添加下划线、添加阴影、添加底纹、大小写切换设置等。单击选项组右侧按钮，打开"字体"对话框，在此可以对文字格式进行详细的设置，如图3-7所示。

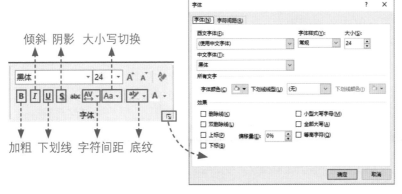

图3-7

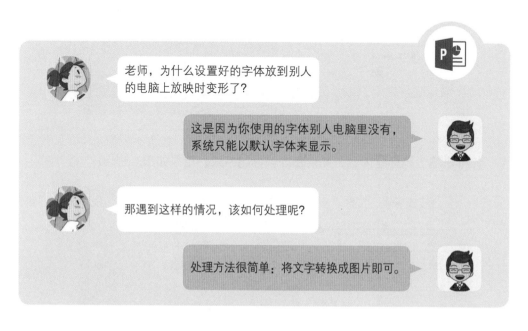

在"字体"选项组中单击"增大字号"按钮 A˄，可逐渐加大字号，相反单击"减小字号"按钮 A˅，可逐渐减小字号。这两个按钮在日常操作中的使用频率很高。当无法准确设置字体的大小时，可使用这两个按钮来操作。

老师，为什么设置好的字体放到别人的电脑上放映时变形了？

这是因为你使用的字体别人电脑里没有，系统只能以默认字体来显示。

那遇到这样的情况，该如何处理呢？

处理方法很简单：将文字转换成图片即可。

（3）保存网络下载的字体

想要将下载的字体不变形，可以使用复制粘贴功能进行操作。具体方法为：选中要保存的文字，按Ctrl+C组合键进行复制，然后右击鼠标，在快捷列表的"粘贴选项"下选择"图片"选项，此时被选中的文字会以图片形式来显示，如图3-10所示。

注意事项 将文字转换为图片后，文字将无法修改。所以用户在转换前，确认当前内容为最终状态才可以。此外，网络字体是有版权的，如需商用，需字体开发商授权方可使用。

图3-8

3.2 制作病例汇报内容页

封面页制作完成后，接下来就开始制作内容页。制作过程中所运用到的知识点包括文字对齐设置、段落格式的设置、项目符号的添加、字体的统一替换等。

3.2.1 制作患者基本信息页

▶扫一扫 看视频◀

选中第2张幻灯片，利用文本框输入标题内容，并设置好文本格式，结果如图3-9所示。在"字体"选项组中单击"字符间距"下拉按钮，在列表中选择"其他间距"选项，在打开的对话框中将"间距"设为"加宽"，将"度量值"设为"5"磅，如图3-10所示。设置好后，当前标题的文本间距已发生了变化。

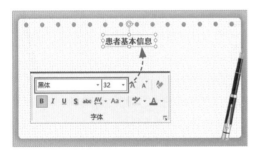

图3-9

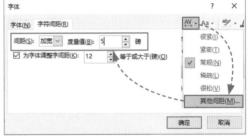

图3-10

利用文本框输入该页正文内容，并设置好基本的文字格式，如图3-11所示。正文内容输入完成后，发现内容整体比较拥挤，这时可适当调整行距，让段落间留有空隙，提高内容识别度。默认的行距为1倍，想要更改其值，可先选中该段落文本框，在"开始"选项卡的"段落"选项组中单击"行距"下拉按钮，在列表中选择合适的行距值即可，这里选择"1.5"倍值，如图3-12所示。

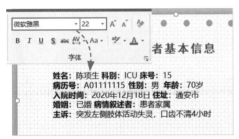

图3-11

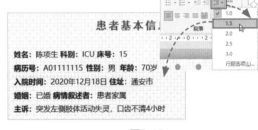

图3-12

将光标定位在"姓名：陈项生"后，按3次Tab键，此时光标后的内容会随之向右移动，如图3-13所示。每按1次Tab键，光标会默认向右移动2个字符。同样将光标定位至"ICU"后，按3次Tab键，将"床号"向右移动，结果如图3-14所示。

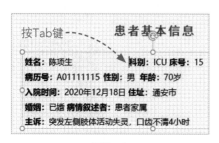

图3-13

图3-14

接下来就利用Tab键，将第2、3、4行内容以首行为基准进行对齐操作。将光标定位至"病历号"内容后，按1次Tab键对齐"性别"内容，按照同样的操作，对齐其他内容，结果如图3-15所示。至此，该页内容制作完毕。

图3-15

在日常操作中经常会遇到对齐各类表单内容的操作，通常人们会习惯性地按空格键来对齐，其实这种方法的效率比较低，而且经常会出现无法对齐的情况。这时利用Tab键来对齐是最佳选择。

3.2.2 制作其他内容页

复制并粘贴第2张幻灯片，创建第3张幻灯片。选中页面中的内容，并将其更改，结果如图3-16所示。按照同样的操作，创建第4～8张幻灯片内容，并对其格式进行适当的调整，如图3-17所示。

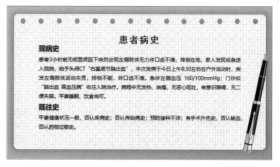

图3-16

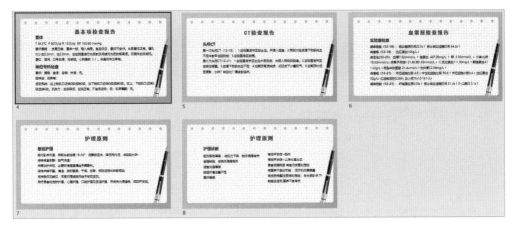

图3-17

选中第5张幻灯片，将光标定位至第1段内容末尾处，单击"段落"右侧按钮，打开"段落"对话框，将"段后"间距设为12磅，单击"确定"按钮，设置好段后间距，提高内容识别性，如图3-18所示。

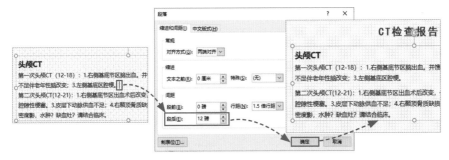

图3-18

选择第6张幻灯片，选中正文内容，在"段落"选项组中单击"项目符号"下拉按钮，在打开的列表中，选择一种符号样式，随即被选中的文本内容将会添加相应的项目符号，如图3-19所示。

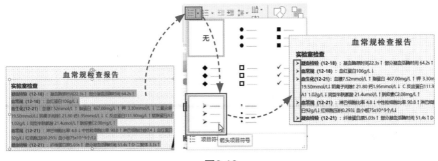

图3-19

经验之谈

添加编号的方法与添加项目符号的方法类似，选中所需文本内容，在"段落"选项组中选择"编号"下拉按钮，从列表中选择编号样式，即可完成编号的添加，如图3-20所示。

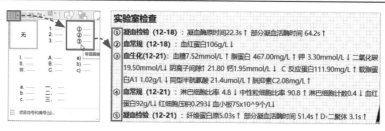

图3-20

按照同样的操作，将第7、8张幻灯片中的段落都添加相同的项目符号。至此，病例汇报内容页制作完毕。

老师，想要更换幻灯片中的某一类字体，除了一个个更改外，有没有更加快捷的方法呢？

当然有啦，利用"替换字体"功能就可以。

下面就来介绍批量更换字体的操作。例如将幻灯片中的"黑体"统一更换成"思源宋体"，那么可在幻灯片中选择任意"黑体"文本，在"开始"选项卡中单击"替换"下拉按钮，从列表中选择"替换字体"选项，在打开的同名对话框中，系统自动将"替换"选项设为"黑体"，单击"替换为"下拉按钮，从列表中选择"思源宋体"选项，单击"替换"按钮。此时，文件中所有"黑体"都已更改为"思源宋体"，如图3-21所示。

图3-21

3.3 完善数学课件内容页

以上介绍的是文字的输入与设置操作，如果想要输入一些特殊字符或公式，该如何操作呢？下面以完善"数学课件"为例来介绍具体的输入方法。

3.3.1 输入数学公式

在PPT中输入公式的方法有两种：一种是利用"插入公式"功能输入；另一种是利用"墨迹公式"功能输入。

▶扫一扫　看视频◀

（1）插入公式

打开"数学课件"素材文件，选择第2张幻灯片，这里需输入一个二次根式。首先插入一个横排文本框，在"插入"选项卡中单击"公式"下拉按钮，从列表中选择"插入新公式"选项，如图3-22所示。

图3-22

系统中内置了多个公式模板，如果需要使用其中的公式，只需在公式列表中选择相应的公式即可快速插入。列表中没有合适的公式，那么就可以选择"插入新公式"选项来自定义公式。但在选择该选项前，需要先插入文本框，否则该选项将不可用。

此时文本框中会显示"在此处键入公式"字样，并打开"公式工具-设计"选项卡，如图3-23所示。

图3-23

在该选项卡中单击"根式"下拉按钮，在打开的列表中选择所需根式的类型，这里选择"平方根"类型，选择完成后，在文本框中会显示出根号，如图3-24所示。

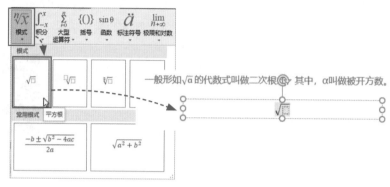

图3-24

选中根号下的虚线框，输入"a",输入好后，单击文本框外任意处即可完成根式的输入操作，如图3-25所示。利用文本框以及直线箭头对输入的根式进行注释，结果如图3-26所示。

图3-25   图3-26

选中第3张幻灯片，在此需要输入一些简单的数学公式。同样在页面所需位置插入文本框，并按照以上方法插入平方根符号。选中根号下方的虚线框，"公式工具-设计"选项卡中单击"上下标"下拉按钮，从列表中选择"上标"样式，此时根号下方发生了相应的变化，如图3-27所示。

分别选中根号下的两个方框，输入对应的数值即可，结果如图3-28所示。

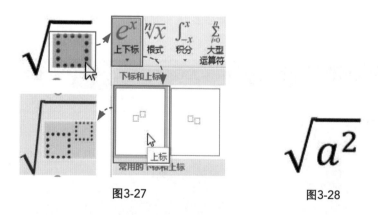

图3-27   图3-28

将光标定位至根式末尾处，按空格键，输入"="以及绝对值。然后在"开始"选项卡的"段落"选项组中单击"左对齐"按钮，将公式左对齐，如图3-29所示。

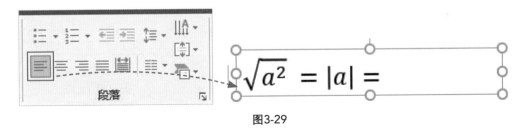

图3-29

按照以上方法继续输入公式，结果如图3-30所示。其中"≥"符号可在"公式工具-设计"选项卡的"符号"选项组中进行选择。

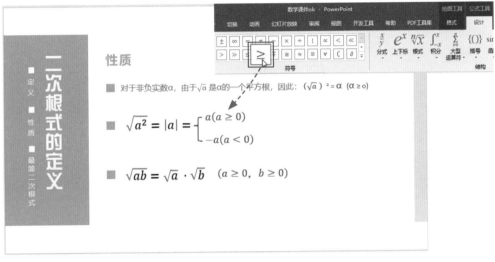

图3-30

（2）墨迹公式

插入公式法可以插入一些结构简单的公式，而对于结构复杂的公式，建议用户使用墨迹公式法手动输入公式。例如想要输入如图3-31所示的公式，就需要启动墨迹公式了。

$$\tan\frac{a}{2} = \frac{\sin a}{1+\cos a} = \frac{1-\cos a}{\sin a} = \pm\sqrt{\frac{1-\cos a}{1+\cos a}}$$

图3-31

在"公式"列表中选择"墨迹公式"选项,打开"数学输入控件"窗口。在此手动输入该公式,系统会自动识别输入的公式,并给出预览,如图3-32所示。如果系统识别有误,用户可选择窗口中的"擦除"按钮,擦除有误的内容,然后单击"写入"按钮重新输入,直到识别正确为止,如图3-33所示。

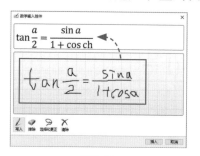
图3-32

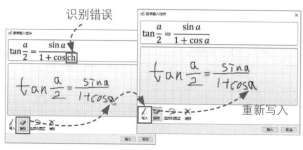
图3-33

公式输入完成,确认无误后,单击"插入"按钮即可将公式插入页面中,结果如图3-34所示。

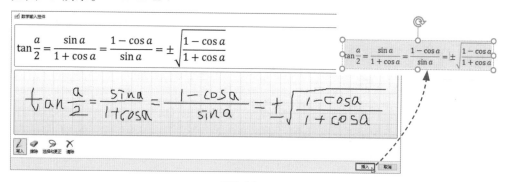
图3-34

如果想要对公式中某个数值进行修改,只需选中要修改的值,然后在"公式工具-设计"选项卡中选择相关参数即可。

注意事项 利用墨迹公式写入公式时,书写要一笔一画,字迹不要潦草,否则系统将无法识别。

3.3.2 输入特殊字符

▶扫一扫 看视频◀

在日常操作过程中,经常会录入一些特殊字符,例如输入注册商标"®"、数学运算符以及各类小图标等,像这类字符就可以利用"符号"功能来操作。

在"插入"选项卡中单击"符号"按钮，打开"符号"对话框，选择所需的符号，例如选择"®"符号，单击"插入"按钮即可插入该符号，如图3-35所示。由于正确的注册标记应显示在右上方，所以用户在插入注册符号后，选中该符号，在"开始"选项卡中单击"字体"选项组右侧□按钮，打开"字体"对话框，勾选"上标"复选框，单击"确定"按钮即可完成操作，结果如图3-36所示。

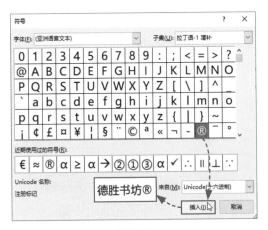

图3-35

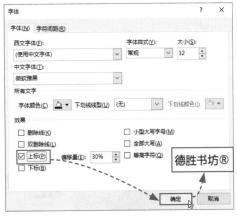

图3-36

经验之谈

在"符号"对话框中用户可以通过"子集"列表来选择符号的种类，例如数学运算符号、货币符号等，选择完成后列表中会罗列出所有与之相对应的符号，方便用户查找，如图3-37所示。如果想要插入一些小图标之类的符号，可单击"字体"下拉按钮，从列表中选择"Wingdings""Wingdings2""Wingdings3"类型即可，如图3-38所示。

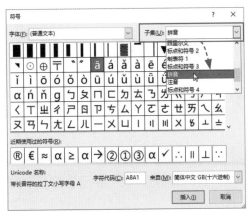

图3-37

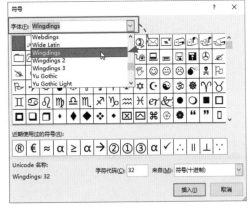

图3-38

拓展练习：为识字卡片添加拼音

在PPT中想要为文字添加拼音，可以利用符号功能来操作。下面以识字卡片为例来介绍拼音添加的具体操作。

Step 01 打开"识字卡片"素材文件。利用文本框输入"tuo"拼音字母，并调整好拼音的字体、大小和颜色，将其放在页面合适位置，如图3-39所示。

Step 02 选中拼音字母"o"，在"插入"选项卡中单击"符号"按钮，打开"符号"对话框，单击"子集"下拉按钮，从列表中选择"拼音"选项，如图3-40所示。

图3-39

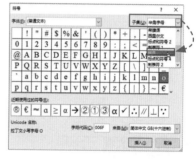

图3-40

Step 03 在打开的拼音字符列表中选择所需的音标，单击"插入"按钮以及"关闭"按钮。此时被选中的"o"已添加了相应的音标，如图3-41所示。

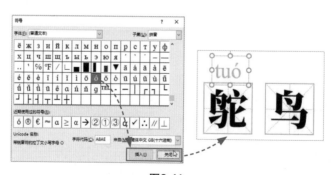

图3-41

Step 04 复制拼音至合适位置并更改拼音字母，如图3-42所示。

Step 05 对于拼音字母中的"a"，打开"符号"对话框，在"拼音"符号中先选择"ɑ"，将"a"更改成"ɑ"，如图3-43所示。

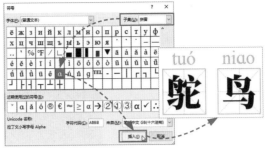

图3-42　　　　　　　　　　　　　　图3-43

 标准的拼音字母应用"α"，而"a"为计算机语言。为求严谨，尽量使用标准
字母。

Step 06 重新插入一个文本框，再次打开"符号"对话框，并在"标点和符
号"类别中选择相应的音标，如图3-44所示。

Step 07 选择好后，单击"插入"和"关闭"按钮即可完成拼音的添加操作。
将音标放置在合适位置，结果如图3-45所示。

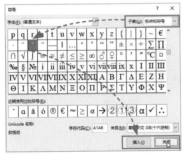

图3-44

图3-45

经验之谈

　　有时在"符号"对话框中的"子
集"列表中没有"拼音"这一项，那么
只需单击右下角"来自"下拉按钮，从
中选择"简体中文GB（十六进制）"
选项即可，如图3-46所示。

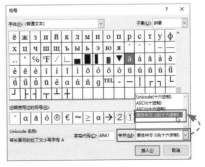

图3-46

工具体验：文字云制作神器——微词云

文字云效果是目前比较流行的设计元素，它可以将文字按照指定的图形进行排列，造型新颖独特，受到广大设计师们的喜爱，如图3-47所示。

文字云制作工具有很多，这里介绍一款在线制作工具——微词云。利用该工具可以轻松制作出各种文字云效果，它的创作方式很自由，制作出的图片能够适用于各种场景，如图3-48所示是微词云操作界面。

该工具分为5个模块，分别是内容、形状、配置、插图和字体。在"内容"模块中，用户可导入所需文字内容，并对其字体、颜色进行相应的设置，如图3-49所示。在"形状"模块中用户可通过内置的种类来选择所需的形状，同时也可以上传用户自定义新形状并应用，如图3-50所示。

图3-47

图3-48

导入文字

图3-49

图3-50

　　在"配置"模块中用户可以对背景色、文字间距、文字渐变、文字数量、旋转角度等参数进行设置，图3-51所示。在"插图"模块中可以选择一款图标插入文字云中，使其内容更加丰富，如图3-52所示。在"字体"模块中用户可以上传新的字体，用来生成文字云，使用起来非常灵活，如图3-53所示。

图3-51

图3-52

图3-53

　　所有参数设置完成后，即可生成预览图，如图3-54所示。该工具还支持下载保存，将生成的图片下载到本地后，即可将其应用至所需场景中。

图3-54

第**4**章

PPT颜值提升的
秘籍

上一章介绍的是文字的应用，这一章将向用户介绍PPT另外两个重要元素——图片和图形。图片在PPT中起到了解释说明的作用，而图形则起到了快速美化的作用。下面将具体对这两大元素的应用进行讲解。

4.1 完善重庆小面品牌宣传页

在页面中插入图片很简单，但想要图片变得美观大方就需要一点小技巧了。下面以"重庆小面品牌宣传"文件为例来介绍图片的设计与美化操作。

4.1.1 插入产品图片

为了能更好地展示图片，建议用户在插入图片前，先了解下选取图片的原则。

（1）图片选取原则

不少人在使用图片时，都是有图片就用，不管它适合与否。这样就算后期再如何美化，其效果都不会理想。所以为了保证图片效果，在选择图片时需遵循以下两点原则。

① **选择高分辨率图片** 低分辨率的图片，在放映时会模糊不清，影响阅读，而高分辨率图片可以提高图片的质感，让人赏心悦目，如图4-1所示。

② **选择与内容相符的图片** 与主题内容相符的图片能够营造气氛，特别是在偏感性的环境下，能够引起观众的共鸣，起到点睛的效果。相反，与主题无关的图片，往往会打断观众的思绪，破坏现场气氛，如图4-2所示。

低分辨率

高分辨率

图4-1

内容为产品原料简介，背景则为埃菲尔铁塔图片，整体效果很不协调。

内容为产品原料简介，背景则为原料图片，整体效果和谐、大气。

图4-2

注意事项 除遵循以上两点原则外，还需注意一点：图片中不要留有水印。如果水印较小，可以通过裁剪操作去除水印。如果水印较大不好处理，那就需要另找配图。因为带有水印的图片会降低图片的质感，会让人感觉很随意，很廉价。

（2）插入图片的多种方法

在了解了图片选取原则后，就可以将图片插入页面中了。插入图片的方法有很多，比较常用的就是将所需图片直接拖拽至页面中即可，如图4-3所示。想一次性插入多张图片的话，只需在素材文件夹中同时选择多张图片，然后将其一起拖拽至页面中就可以了。

图4-3

图片插入后默认会居中显示，用户只需将其移至页面合适位置即可。

当电脑中存有现成的图片素材时，可以按照以上方法来操作。如果没有现成图片，需要上网获取的话，用户则可使用"屏幕截图"功能来插入图片。

在"插入"选项卡中单击"屏幕截图"下拉按钮，在列表中选择"屏幕剪辑"选项，此时PPT会最小化，同时电脑桌面则为半透明状态，使用鼠标拖拽的方法框选出截图区域，完成后被截取的区域会自动插入PPT页面中，如图4-4所示。该方法可以将截取的图片直接插入PPT中，非常方便快捷。

图4-4

如果想利用PPT来做电子相册的话，可以使用"相册"功能来操作。该功能会将每一张相片以单独一页来显示（一页显示一张相片），无须用户一页页地手动插入相片。

在"插入"选项卡中单击"相册"下拉按钮，在列表中选择"新建相册"选项，在打开的"相册"对话框中单击"文件/磁盘"按钮，在"插入新图片"对话框中，选择所有相片，单击"插入"按钮，如图4-5所示。

 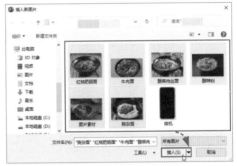

图4-5

返回到"相册"对话框，在"相册中的图片"列表中勾选插入的相片，单击"创建"按钮即可完成相册的创建操作，如图4-6所示。此时该相册会以新文件来命名。

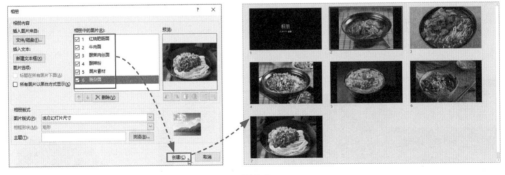

图4-6

4.1.2　编辑产品图片

图片被插入后，通常需要对其进行一些常规的编辑操作。下面就以编辑品牌介绍页面图片为例来介绍图片编辑的常规操作。

▶扫一扫　看视频◀

（1）缩放图片

选中图片，将光标放置于图片任意对角点上，按住Shift键，使用鼠标拖拽的方法向外拖动对角点，可等比放大图片；相反，向内拖动对角点可等比缩小图片。如图4-7所示的是缩小图片的操作。

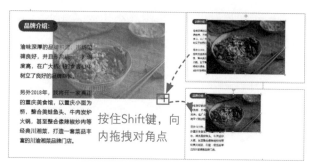

按住Shift键，向内拖拽对角点

图4-7

如果按住Ctrl键拖动图片对角点，则是以图片中心为缩放基点进行等比放大或缩小图片操作，如图4-8所示。

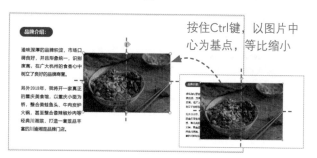

按住Ctrl键，以图片中心为基点，等比缩小

图4-8

（2）裁剪图片

在PPT中裁剪功能可分为3种，分别为普通裁剪、裁剪为形状、纵横比裁剪。普通裁剪为常规的裁剪方式。选中图片，在"图片工具-格式"选项卡选择"裁剪"按钮，图片四周会显示出相应的裁剪点。选中所需裁剪点，将其拖拽至合适的位置，单击页面空白处即可完成裁剪操作，如图4-9所示。

单击"裁剪"下拉按钮，在打开的列表中选择"裁剪为形状"选项，在其级联菜单中选择所需的形状，此时被选中的图片会以该形状来显示，如图4-10所示。

图4-9

图4-10

注意事项 如果主题内容比较轻松诙谐，可以将图片裁剪为各种形状来活跃气氛。但对于比较正规、严肃的主题来说，尽量就不要使用该功能了。

在"裁剪"下拉列表中选择"纵横比"选项，可将图片按照指定的比例进行裁剪，如图4-11所示。

图4-11

这种方法很好用，特别是对图片尺寸有要求时，利用该方法可一步到位。例如，当将图片设置为页面背景时，只需将裁剪比例值设为16∶9或4∶3即可，因为PPT页面默认为16∶9或4∶3的尺寸比例。

为什么我按照3∶5的比例裁剪后，效果是这样的？感觉图片偏了，怎样才能剪成你那样的效果？

很简单。在选择比例值后，当图片显示出裁剪范围时，我们可以移动图片，调整好保留的区域就可以了。裁剪点外的区域为删除区。

移动图片，确保所需图片在保留区域内

（3）删除图片背景

插入图片后，想要去除图片背景，可使用"删除背景"功能来操作。选中所需的图片，在"图片工具-格式"选项卡中单击"删除背景"按钮，打开"背景消除"选项卡，此时系统会自动识别图片背景，并高亮显示出来。用户可以通过"标记要保留的区域"或"标记要删除的区域"按钮对图片进行标记，确认无误后单击"保留更改"按钮即可，如图4-12所示。

图4-12

 我想要将背景删除后的图片保存起来，方便以后直接调用，该怎么操作？

右击图片，在快捷菜单中选择"另存为图片"选项，在打开的对话框中，将"文件类型"设为PNG（可移植网络图形）格式即可。

4.1.3 美化产品图片

在PPT中用户可通过"图片工具-格式"选项卡中的"调整"选项组中的相关选项来对图片的亮度、对比度、色调、艺术效果进行调试。通过"图片样式"选项组中的相关功能对图片的外观进行美化操作，如图4-13所示。

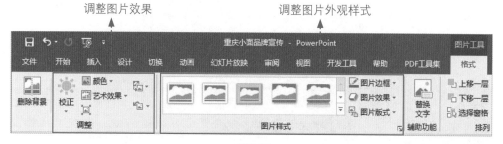

图4-13

在"调整"选项组中单击"校正"下拉按钮,可以对图片的亮度及对比度进行调整,如图4-14所示。

单击"颜色"下拉按钮,在列表中可对图片的饱和度、色调进行调整,如图4-15所示的是调整饱和度的效果,如图4-16所示的是调整色调的效果,如图4-17所示的是重新为图片着色的效果。

图4-14

图4-15

图4-16

图4-17

单击"艺术效果"下拉按钮，在打开的列表中可对图片的效果进行设置，如图
4-18所示。

图4-18

在"图片样式"选项组
中单击其他按钮，在打开的
样式列表中，用户可以套用
内置的图片外观样式，如图
4-19所示。

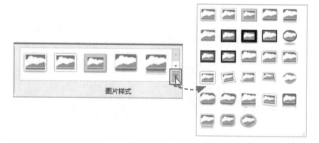

图4-19

此外，用户还可自定义
图片外观，例如设置图片边
框、设置图片效果（阴影、
映像、三维旋转等）、设置
图片排列方式，如图4-20
所示。

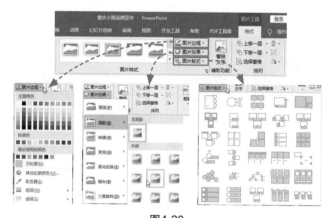

图4-20

4.1.4 多图排版小秘诀

当页面中需要展示多张图时，通常人们会将图片一字排开来展示。可是这样的
排版方式比较呆板，缺乏新意。其实用户不妨转变一下思维，借助于各种版式工具

进行排版，效果要好得多。下面以制作"菜品展示"页面为例来介绍3种图片排版方式，希望能够给用户提供一些制作思路。

（1）利用图片版式排版

无论页面中要展示多少张图片，利用PPT中的"图片版式"功能就能轻松搞定一切排版操作，如图4-21所示。

选中所有图片，在"图片工具-格式"选项卡中单击"图片版式"下拉按钮，在列表中选择"螺旋图"选项即可，如图4-22所示。

▶扫一扫　看视频◀

图4-21

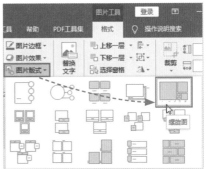

图4-22

利用"图片版式"功能可快速将多张图片进行排版。当用户没有好的创意时，可以借助该功能来操作。

（2）利用图片裁剪排版

通常插入的图片都是方方正正的。为了让图片有点变化，可以利用前文讲解的"裁剪为形状"功能来排版，如图4-23所示。

图4-23

选中所有图片，在"图片工具-格式"选项卡中单击"裁剪"下拉按钮，从列表中选择"裁剪为形状"选项，并在其级联菜单中选择好形状即可。将图片等比放大至整个页面，并调整好图片之间的间距，如图4-24所示。

图4-24

为了能够衬托出图片上的文字，需要对图片进行弱化处理。在图片上方插入矩形，并调整好矩形的填充颜色和透明度，设置结果图4-25所示。

图4-25

具体形状插入与设置可参照4.2.1节的内容进行操作。接下来，利用"竖排文本框"功能在相关图片上输入产品名称即可。

（3）利用样机效果排版

样机效果是目前较为流行的排版方式。该方式比较新颖，页面展示效果也很独特，如图4-26所示。

图4-26

先将准备好的样机图片插入页面中，并将其复制，选择其中一个样机图片，将其进行三维旋转，如图4-27所示。

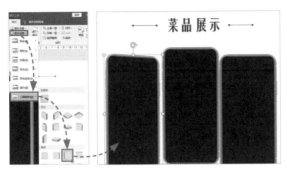

图4-27

右击旋转好的样机图片，在打开的快捷菜单中选择"置于底层"选项，并调整好图片的间距，实现图片堆叠效果，如图4-28所示。

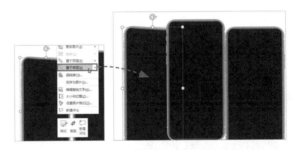

图4-28

按照同样的方法，处理其余样机图片。接下来将菜品图片按照3：5的比例值裁剪，放入样机中，并对菜品图片进行三维旋转和堆叠操作，使其与样机相吻合。最后对部分菜品进行"虚化"效果的处理即可，如图4-29所示。

图4-29

由以上操作可以看出，很多看似很复杂的操作，其实都是由各种基础操作组合而成的。所以这里想强调一下，学好PPT基本操作确实很重要。

4.2 美化动物保护宣传册

形状包含很多种类型，如直线、曲线、圆、矩形、多边形等。在PPT中，形状主要用来装饰页面。当页面内容显得空洞单调时，可以利用形状来提升页面的美感。下面以美化动物保护宣传册为例来对形状的用法进行简单介绍。

4.2.1 在内容页中插入形状

在使用形状美化页面前，用户需先了解一下形状功能的基本操作，例如插入形状、编辑形状以及美化形状等。

（1）插入基本形状

在"插入"选项卡中单击"形状"下拉按钮，在打开的形状列表中选择要插入的形状，然后利用鼠标拖拽的方法在页面中绘制形状即可，如图4-30所示。

图4-30

> **经验之谈**
>
> 在绘制矩形或椭圆时，按住Shift键可绘制出正方形和正圆形。

（2）编辑形状

形状插入后，用户可以对形状进行修改。选择形状中橙色控制圆点，按住鼠标左键不放，将其拖至其他位置，可对形状外观进行微调，如图4-31所示。

图4-31

不同形状由于其控制圆点位置不同，调整后的形状效果也不同。例如，圆角矩形可以通过控制圆点调整成矩形或椭圆形，如图4-32所示。

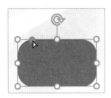 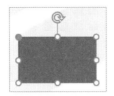 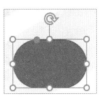

图4-32

 在形状列表中，一些基本形状是不可调的，如图4-33所示。这些形状选中后不显示可调整的控制圆点。

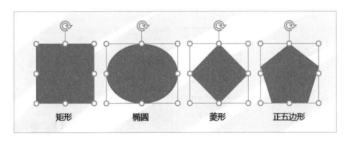

图4-33

那么对于不可调的形状该如何修改呢？方法很简单。右击该形状，此时形状四周会显示出可编辑的顶点，选中一个顶点，并调整该顶点的手柄，即可改变该形状轮廓，如图4-34所示。该方法适用于所有形状。

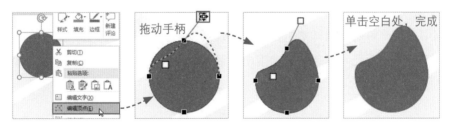

图4-34

在编辑形状过程中，右击编辑顶点，在快捷菜单中用户可以进行添加顶点、删除顶点、平滑顶点、角部顶点等一系列针对顶点的操作，如图4-35所示。

（3）美化形状

形状插入后，用户可以对形状的颜色、轮

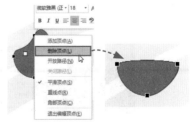

图4-35

廓、效果进行调整。选中
形状，在"绘图工具-格
式"选项卡的"形状样
式"选项组中，单击"其
他"下拉按钮，可直接套
用内置的形状样式，如图
4-36所示。

图4-36

如果在内置的样式列表中没有合适的样式，可对其样式进行自定义设置。在
"形状样式"选项组中单击"形状填充"下拉按钮，可对形状的颜色进行设置。除
了为形状更换颜色外，还可为形状填充图片、填充渐变色、填充纹理效果等，如图
4-37所示。

单击"形状轮廓"下
拉按钮，可对形状的轮廓
样式进行设置，例如设置
轮廓线颜色、轮廓线粗
细、轮廓线的线型等，如
图4-38所示。

单击"形状效果"下
拉按钮，可为形状添加阴

图4-37

图4-38

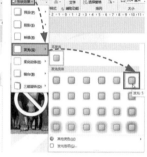

图4-39

影、映像、发光效果、三维旋转形状等，如图4-39所示。

此外，右击形状，在快捷菜单中选择"设置形状格式"选项，在打开的同名设
置窗格中，用户可对形状样式进行详细的设置。例如，设置填充颜色的透明度，只
需在该窗格的"填充与线条"选项卡中，输入"透明度"参数值，或拖动其滑块即
可，如图4-40所示。

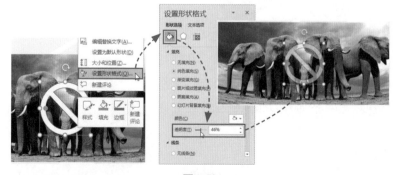

图4-40

4.2.2　利用形状美化内容页面

　　以上讲解了形状功能的基本操作，接下来介绍如何利用形状来提升页面的品质。图4-41是修改前后的效果对比，从对比图来看，修改后的效果明显要比修改前的生动、饱满。这里所运用到的功能就是形状填充功能。

图4-41

（1）利用形状填充来美化

　　下面简单地介绍一下该效果的制作方法。先将页面中所有的图片和文字移至页面外，然后插入多个大小不同的矩形于页面中，如图4-42所示。

　　将矩形全部选中，单击鼠标右键，在快捷菜单中选择"组合"选项，将其组合，如图4-43所示。

▶扫一扫　看视频◀

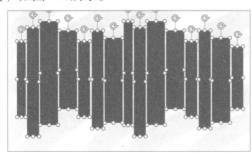

图4-42

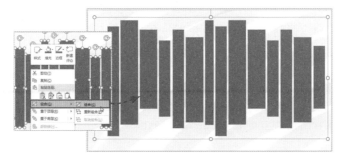

图4-43

选择页面外的图片，按Ctrl+X键剪切图片。右击组合后的矩形，在快捷菜单中选择"设置形状格式"选项，在打开的窗格中选择"填充"选项组中的"图片或纹理填充"单选按钮，并在"图片源"选项中单击"剪贴板"按钮，此时被选中的矩形已填充了图片，如图4-44所示。将文字放入页面合适位置，并调整一下字体格式，完成制作。

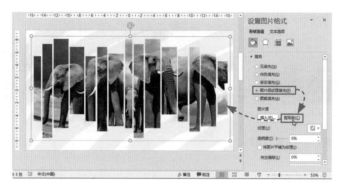

图4-44

（2）利用合并形状来美化

▶扫一扫 看视频◀

说起形状，就不得不提"合并形状"这项功能。该功能可以说是PPT创意设计的灵感来源。它可将多个形状通过拆分重组生成新形状，从而产生一些意想不到的效果。

合并形状功能由5个命令组成，分别为结合、组合、拆分、相交以及剪除，如图4-45所示。利用这些命令可以做出任意想要的形状。

图4-45

● 结合：该命令是将多个形状合并为一个新的形状，其颜色取决于先选图形的颜色。如果"结合"效果为黄色，则说明在选择时，先选黄色五边形，后选灰色环形。相反，如果先选灰色环形，再选黄色五边形，其效果则为灰色，如图4-46所示。

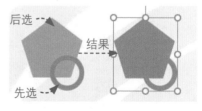

图4-46

● 组合：该命令与"结合"相似，其区别在于两个图形重叠的部分会镂空显示。

● 拆分：该命令是将多个形状进行分解，而所有重合的部分都会变成独立的形状。

● 相交：该命令只保留两个形状之间重叠的部分。

● 剪除：该命令是用先选形状减去后选形状的重叠部分。通常用来做镂空效果。

下面以美化宣传册内容页为例来介绍合并形状功能的具体用法，修改前后的效果对比如图4-47所示。

图4-47

按Ctrl+X组合键剪切页面中的图片。在"设计"选项卡中单击"设置背景格式"按钮，打开相应的设置窗格，单击"图片或纹理填充"单选按钮，并单击"剪贴板"按钮，将图片设为页面背景，如图4-48所示。

图4-48

先绘制一个页面大小的矩形，将其设为黑色，无轮廓，将透明度设为49%，如图4-49所示。

图4-49

绘制正圆形，并放置在页面合适位置。然后先选择矩形，再选择正圆形，在"绘图工具-格式"选项卡中单击"合并形状"下拉按钮，从列表中选择"剪除"选项，此时两形状相重合的区域已被剪除，从而形成镂空效果，如图4-50所示。最后，再对页面进行一些修饰即可。

图4-50

 注意事项 在使用合并形状功能时，要注意先选和后选的顺序。顺序不同，出现的效果也不同。

4.3 制作生活垃圾处理流程图

逻辑图可以将一些复杂的项目程序或流程化繁为简，通过形状和精简的文字进行展示，让观众对其内容一目了然，从而提高沟通效率。逻辑图的绘制方法有很多，下面就以制作生活垃圾处理流程图为例来介绍PPT中SmartArt图形功能的绘制操作。

▶扫一扫 看视频◀

4.3.1 设定流程图框架

在PPT中利用SmartArt功能来绘制逻辑图是比较明智的。它可以快速地帮助用户创建各种类型的逻辑图，用户只需选定一种逻辑图的版式，并输入相关的文字内容即可完成基本的创建操作。

在"插入"选项卡中单击"SmartArt"按钮，打开"选择SmartArt图形"对话

框，在左侧列表中选择"层次结构"选项，并选中一款结构样式，单击"确定"按
钮即可完成该模板的创建操作，如图4-51所示。

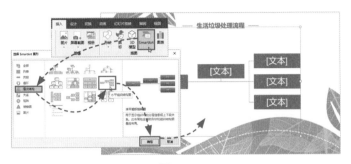

图4-51

4.3.2 输入并设置流程图内容

结构模板创建好后，接下来单击模板中的"文本"字样便可输入文字内容。在
输入的过程中，想要删除多余的形状，只需将其选中，按键盘上的Backspace键删
除，如图4-52所示。

图4-52

选中"有害垃圾"图形，单击鼠标右键，在快捷菜单中选择"添加形状"选
项，并在其级联菜单中选择"在后面添加形状"选项，此时系统会添加一个并列新
图形，选中新图形，直接输入文字内容即可，如图4-53所示。

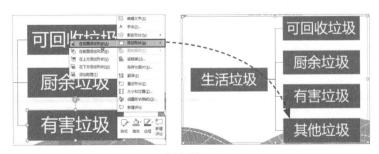

图4-53

右击"可回收垃圾"图形，在快捷菜单中选择"添加图形"选项，并在其级联菜单中选择"在下方添加形状"选项，即可在该图形的下一级添加新图形，如图4-54所示。

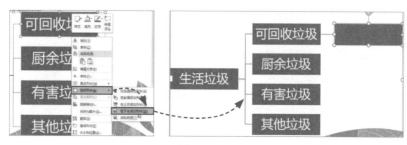

图4-54

按照以上方法完成流程图中其他图形的创建及文本的输入操作，结果如图4-55所示。

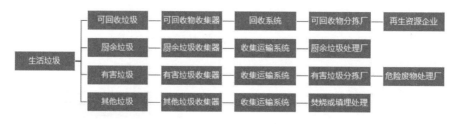

图4-55

4.3.3　美化流程图

流程图创建好后，如果对版式或颜色不满意，可对其进行修改。选中流程图，在"SmartArt工具-设计"选项卡的"版式"选项组中单击"其他"下拉按钮，在打开的版式列表中，可快速更换版式，如图4-56所示。

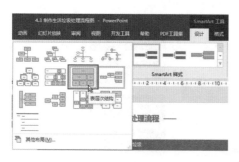

图4-56

在"SmartArt样式"选项组中单击"更改颜色"下拉按钮，在打开的列表中，用户可以对当前流程图的颜色进行更改，如图4-57所示。

图4-57

如果想要单独对流程图中的某个图形样式进行设置，只需选中该图形，在"SmartArt工具-格式"选项卡中，通过"形状填充""形状轮廓""形状效果"命令进行设置即可，这里就不再一一说明了。至此，生活垃圾处理流程图绘制完毕，效果如图4-58所示。

图4-58

拓展练习：制作公司发展历程时间轴

为了使制作的逻辑图更具有美观性，用户可借助形状功能来绘制。下面就以制作公司发展历程时间轴为例来介绍使用形状绘制逻辑图的方法。绘制的效果如图4-59所示。

图4-59

Step 01 打开"公司发展历程时间轴"素材文件。选中第1张幻灯片。在页面中插入"箭头：V形"形状，并调整好该形状的大小，如图4-60所示。

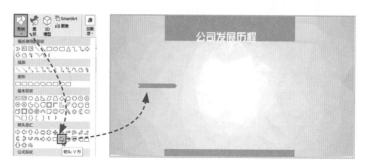

图4-60

Step 02 复制该形状至其他位置，并调整好各形状间的位置距离，如图4-61所示。

图4-61

Step 03 选中部分形状，调整好形状的颜色，如图4-62所示。

图4-62

Step 04 在页面中插入"直线"和"直角三角形"，并调整好填充颜色，同时选中两个图形，将其进行组合，完成旗帜图标的绘制，如图4-63所示。

图4-63

Step 05 复制旗帜图标至其他形状上，调整好相应的颜色，如图4-64所示。

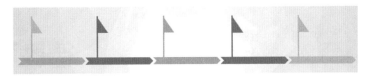

图4-64

Step 06 选中第2个旗帜图标，在"绘图工具-格式"选项卡中单击"旋转"下拉按钮，在列表中选择"垂直翻转"选项，可翻转该旗帜。按照同样的操作，翻转其他旗帜图标，如图4-65所示。

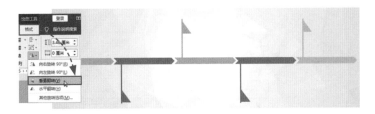

图4-65

Step 07 利用文本框添加时间轴内容，并设置好文字样式，调整好文字位置。至此，时间轴绘制完成。

OneKey Tools简称"OK"插件，它是由PPT设计师"只为设计"独立开发的一款免费PPT第三方综合性设计插件。OK插件包含了近300个功能，涵盖了形状、色彩、三维、图片处理、音频、表格、图表、辅助功能等。

用户安装OK插件后，打开PPT会出现一个"OneKey Lite"选项卡，在该选项卡中包含"形状组""颜色组""三维组""图形组""辅助组""文档组"，如图4-66所示。

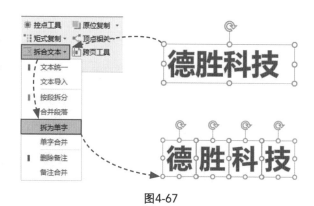

图4-66

在"形状组"中，用户可以进行插入形状、对齐形状、旋转形状、矩式复制、拆合文本等操作，如图4-67所示。

在"颜色组"中，用户可以进行纯色递进、渐纯互换、纯色转移、显示色值等操作，如图4-68所示。

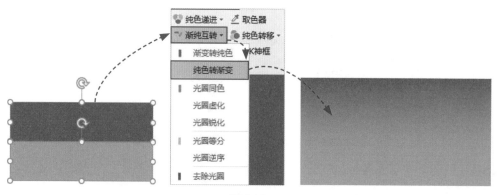

图4-67

图4-68

　　在"三维组"中，用户可以将所选形状进行快速三维复制或分布，或其他三维操作，如图4-69所示。

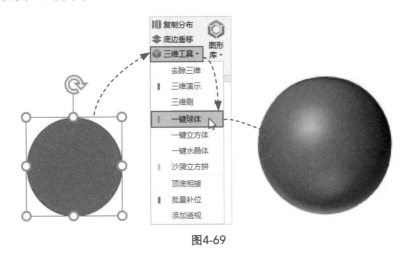

图4-69

　　在"图形组"中，用户可以实现部分PS图层混合效果，以及多种形状/图片的特效，如图4-70所示。

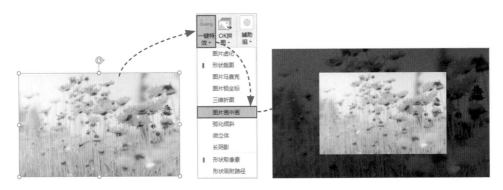

图4-70

第5章

表格和图表的
花式用法

众所周知，表格和图表是数据分析的一种表现形式。它能够将复杂数据信息简单化、直观化。本章在向读者介绍表格与图表的基本操作外，还会涉及一些高级操作，就是为了开拓读者的思路，让读者在制作时能够多一些想法。

5.1 制作新媒体技术开发周期表

下面将以项目技术开发周期表为例来向用户介绍表格的基本操作，包括表格的创建、表格的布局调整、表格的美化等操作。

5.1.1 创建周期表框架

PPT中创建表格的方法有很多，用户可以调用现有的数据表格至PPT中，也可以根据需要重新创建表格。

（1）调用现有数据表

打开现有的数据表，并选择好所需数据范围。按Ctrl+C组合键进行复制，切换到PPT页面，单击鼠标右键选择"保留源格式"选项，即可将复制的数据表原封不动地导入PPT页面中，如图5-1所示。

图5-1

如果要对表格中某个数据进行更改，只需将其选中直接更改即可，如图5-2所示。

图5-2

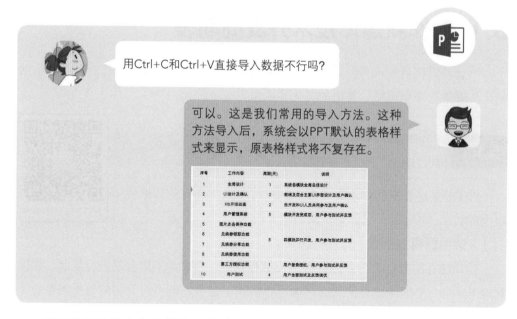

别看复制粘贴表格的操作很简单，其实这里隐藏着不少技巧。掌握这些技巧，可提升你的制作效率。下面对常见的几种粘贴方式进行说明。

复制数据表后，在PPT页面中单击鼠标右键，在打开的快捷菜单中会显示出5种粘贴方式，如图5-3所示。不同的粘贴方式，显示的效果也不同。

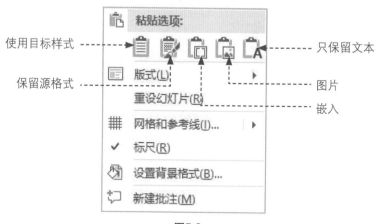

图5-3

① **使用目标样式**　该方式等同于Ctrl+C/V。粘贴后的数据表默认显示为PPT表格样式，原数据表样式将被清除。

② **保留源格式**　该方式可以将原数据表的结构和数据复制过来，同时还会维持原有的表格样式，效果如图5-1所示。

③ **嵌入**　该方式是比较特殊的粘贴方式。它是将原数据表直接嵌入页面中，

其外观效果保持不变。例如原数据表为Excel文件格式，那么它会以Excel文件嵌入。当需要对其内容进行修改时，双击所需内容，系统会打开Excel编辑窗口，在此进行修改即可，如图5-4所示。

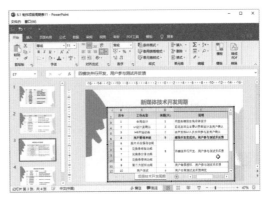

图5-4

该方法的好处在于，它能够通过Excel编辑窗口对表格中的数据进行分析汇总以及运算，避免来回切换软件进行修改的麻烦。

 PPT不具备数据分析处理功能，它仅能对数据表结构进行简单的编辑和美化。

④ **图片** 该方法是将数据表以图片来显示，其表格外观样式不变。需注意的是，一旦转换为图片后，其中的内容将无法修改，如图5-5所示。

⑤ **只保留文本** 该方式是将数据表以纯文本的形式显示，用制表符标记区分各列数据。文本的字体以当前PPT主题字体显示，如图5-6所示。

图5-5

图5-6

 数据表导入后，如果原始数据修改了，导入后的数据会跟着变吗？

 使用以上介绍的方法无法实现数据更新操作。只有使用"粘贴链接"方法才可以实现PPT数据更新操作。下面就来介绍具体的操作。

按Ctrl+C键复制数据表，切换到PPT页面。在"开始"选项卡中单击"粘贴"下拉按钮，从列表中选择"选择性粘贴"选项，打开同名对话框，单击"粘贴链接"单选按钮，再单击"确定"按钮，即可完成数据表的粘贴操作，如图5-7所示。

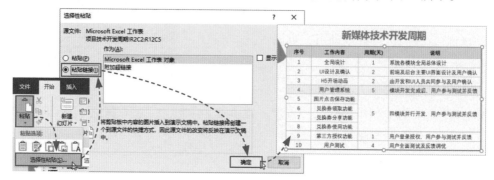

图5-7

如果原数据表内容发生了变化，那么只需在PPT中右击导入的数据表，在快捷列表中选择"更新链接"选项，稍等片刻即可完成更新操作，如图5-8所示。

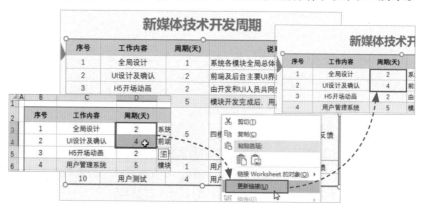

图5-8

经验之谈

如果PPT在关闭的状态下，对原有数据表的内容进行了修改。当下次打开该PPT文件后，系统会打开提示窗口，询问是否需要更新链接，在此单击"更新链接"按钮即可。

（2）创建新表格

以上讲解的是数据表的导入操作。如果需要在PPT页面中新建一个数据表，那么可以通过以下方法来操作。

▶扫一扫　看视频◀

在"插入"选项卡中单击"表格"下拉按钮，在打开的列表中选择所需的方格的数即可创建表格。例如，插入5行4列的表格，那么就将鼠标纵向滑过5个方格，横向滑过4个方格即可，如图5-9所示。

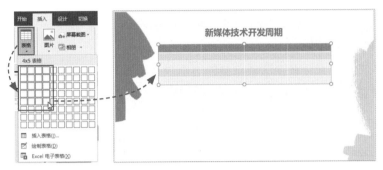

图5-9

这种方法虽然很方便，但有一定的限制。利用该方法最多只能创建8行10列的表格。如果所需表格行数或列数大于8行或10列，那么就要使用"插入表格"对话框来创建。在"表格"下拉列表中选择"插入表格"选项，打开同名对话框，在此输入所需的行数和列数，单击"确定"按钮即可，如图5-10所示。

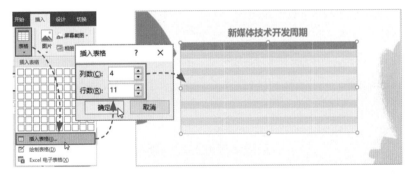

图5-10

表格创建好后，选中所需单元格即可输入表格内容。用户可按"→"和"↓"方向键定位至相邻单元格，输入结果如图5-11所示。

 注意事项 PPT表格与Excel表格不一样。Excel表格可以使用自动填充法快速输入有序数据，而在PPT中只能挨个手动输入有序数据。

序号	工作内容	周期(天)	说明
1	全局设计	1	系统各模块全局总体设计
2	UI设计及确认	2	前端及后台主要UI界面设计及用户确认
3	H5开场动画	2	由开发和UI人员共同参与及用户确认
4	用户管理系统	5	模块开发完成后，用户参与测试并反馈
5	图片点击保存功能	5	四模块并行开发，用户参与测试并反馈
6	兑换券领取功能		
7	兑换券分享功能		
8	兑换券使用功能		
9	第三方授权功能	1	用户登录授权，用户参与测试并反馈
10	用户测试	4	用户全面测试及反馈调优

图5-11

5.1.2 调整周期表布局

通常内容输入好后，需要对表格进行一些基本的调整。例如，调整表格的行高和列宽、插入行和列、合并或拆分单元格、设置文本的对齐等。

（1）调整行高和列宽

选择表格，将光标移至所要调整的边框线上，当光标呈双向箭头时，拖拽分割线至合适位置，即可调整行高与列宽，如图5-12所示。

序号	工作内容	周期(天)	说明
1	全局设计	1	系统各模块全局总体设计
2	UI设计及确认	2	前端及后台主要UI界面设计及用户确认
3	H5开场动画	2	由开发和UI人员共同参与及用户确认
4	用户管理系统	5	模块开发完成后，用户参与测试并反馈
5	图片点击保存功能	5	四模块并行开发，用户参与及测试并反馈
6	兑换券领取功能		
7	兑换券分享功能		
8	兑换券使用功能		
9	第三方授权功能	1	用户登录授权，用户参与测试并反馈
10	用户测试	4	用户全面测试及反馈调优

图5-12

按照以上方法，调整表格的其他列宽。将光标放置表格对角点上，向外拖拽该对角点至合适位置，可以调整表格整体的大小，如图5-13所示。

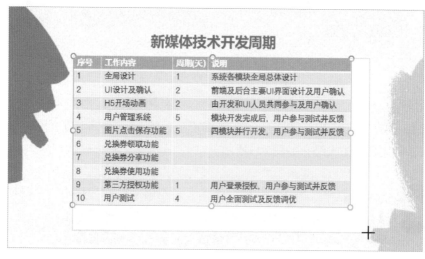

新媒体技术开发周期

序号	工作内容	周期(天)	说明
1	全局设计	1	系统各模块全局总体设计
2	UI设计及确认	2	前端及后台主要UI界面设计及用户确认
3	H5开场动画	2	由开发和UI人员共同参与及用户确认
4	用户管理系统	5	模块开发完成后，用户参与测试并反馈
5	图片点击保存功能	5	四模块并行开发，用户参与及测试并反馈
6	兑换券领取功能		
7	兑换券分享功能		
8	兑换券使用功能		
9	第三方授权功能	1	用户登录授权，用户参与测试并反馈
10	用户测试	4	用户全面测试及反馈调优

图5-13

（2）插入行与列

选中所需单元行，在"表格设计-布局"选项卡中，根据需要单击"在上方插入"按钮，或"在下方插入"按钮，即可在被选单元行的上方或下方插入一个空白单元行，如图5-14所示。插入列的方法与插入行相同，只不过在选择时，单击"在左侧插入"或"在右侧插入"按钮即可，如图5-15所示。

图5-14

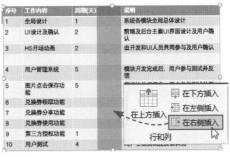

图5-15

如果想要一次性插入多行或多列，只需在表格中选择相应的行数或列数，例如想要一次性插入3列，那么在表格中选择相邻的3列内容，然后再单击"在左侧插入"或"在右侧插入"按钮即可，如图5-16所示。

图5-16

经验之谈

如果想删除多余的行或列，只需将其选中，按键盘上的Backspace键即可。如果按Delete键，只是清除行或列中的内容而已。

（3）合并与拆分单元格

如需对表格中的多个单元格进行合并，可先选中所需的单元格，在"表格工具-布局"选项卡中单击"合并单元格"按钮即可实现合并操作，如图5-17所示。

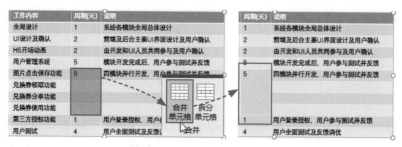

图5-17

按照同样的操作，合并表格其他单元格。相反，如需将1个单元格拆分成多个单元格，那么先选择单元格，在"表格工具-布局"选项卡中单击"拆分单元格"按钮，在打开的同名对话框中，设置好拆分的列数和行数，单击"确定"按钮即可，如图5-18所示。

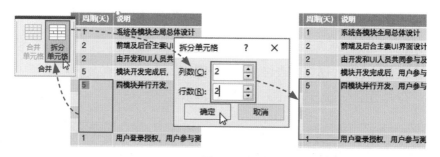

图5-18

（4）设置文本对齐方式

默认情况下表格内容为左对齐显示。如果需要更改其对齐方式，可选中表格，在"表格工具-布局"选项卡的"对齐方式"选项组中，根据需要选择所需的对齐方式即可，如图5-19所示。

经验之谈

以下所介绍的功能，用户可以通过右键命令来调用。

图5-19

5.1.3 对周期表进行美化

默认情况下创建的表格是以"中度样式2-强调1"样式显示，如图5-20所示。如果该样式不符合当前页面风格，可以对其进行修改。

在"表格工具-设计"选项卡的"表格样式"列表中，预设了多种样式方案，用户可以直接套用，如图5-21所示。

图5-20

图5-21

如果在表格样式选项组中没有合适的样式，用户可以自定义表格样式。选中表格，先在表格样式列表中选择"无样式、无网格"样式，清除默认样式。

在"表格工具-设计"选项卡中单击"笔颜色"下拉按钮，在列表中选择一款颜色来确定边框线颜色，单击"笔画粗细"下拉按钮，从列表中选择合适的磅值，这里选择2.25磅，在"表格样式"选项组中单击边框下拉按钮，在列表中选择"上框线"和"下框线"选项，为当前表格设置边框线，如图5-22所示。

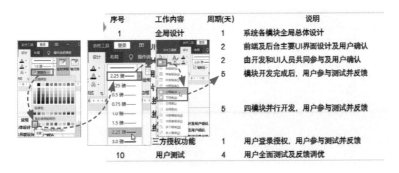

图5-22

选中表格首行，将"笔画粗细"设为1.5磅，将边框设为"下框线"，结果如图5-23所示。

图5-23

想要对表格中某个重要信息突出显示的话，可以为该信息添加底纹。选中所需单元行，在"表格工具-设计"选项卡中单击"底纹"下拉按钮，从中选择一款底纹颜色即可，如图5-24所示。

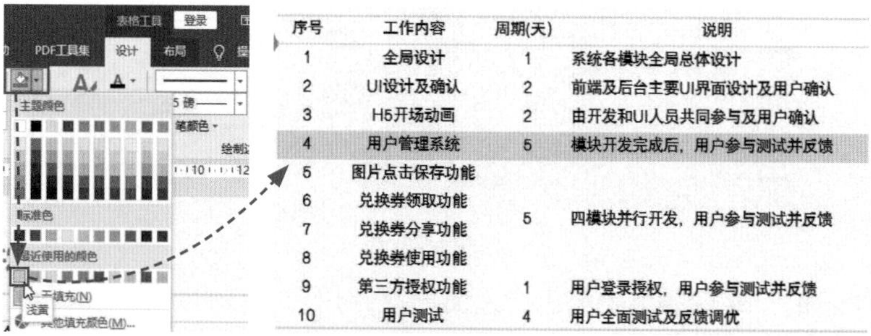

图5-24

适当调整一下表格内容的字体、字号以及颜色，让表格整体风格与页面风格相协调即可，调整结果如图5-25所示。

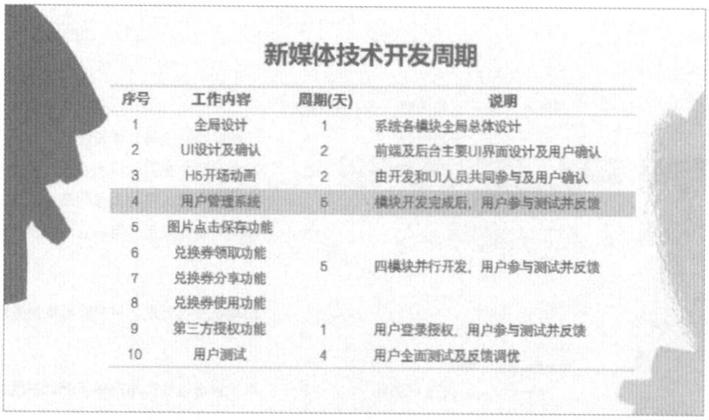

图5-25

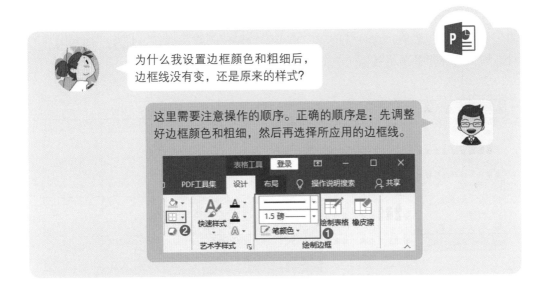

5.2 制作个人简历

上节介绍的是表格的基础用法。下面将以制作个人简历为例来介绍表格的进阶用法，就是利用表格来进行页面排版操作。无论是文字排版、图片排版，还是图文混排，表格都能轻松搞定。

5.2.1 制作简历封面页

打开"个人简历"素材文件，选择第1张空白页，插入一个4行6列的表格，调整好表格的大小，并放置于页面中央，如图5-26所示。

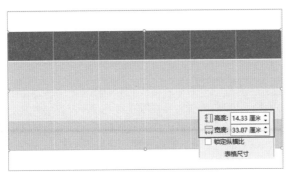

图5-26

　　将表格样式设置为"无样式，网格型"。单击"底纹"下拉按钮，在列表中选择"表格背景"选项，在打开的级联菜单中选择"图片"选项，打开"插入图片"对话框，选择背景图将其插入，如图5-27所示。

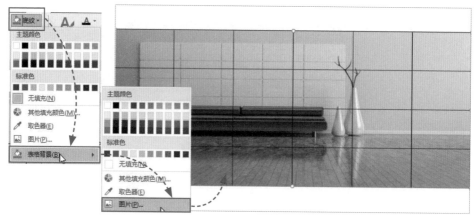

图5-27

　　不少人在填充表格背景时，会在"底纹"列表中直接选择"图片"选项进行填充，填充效果如图5-28所示。这就说明该方法仅针对每个单元格来设置，而不是整个表格。在制作时需要注意这一点。

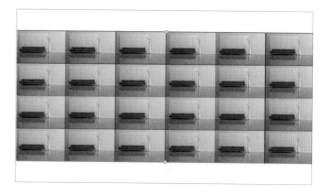

图5-28

我按照介绍的方法为表格添加了背景，可是表格没有发生变化，怎么回事？

这是因为你没有清除表格样式。新创建的表格是自带样式的。我们需要先清除默认样式后，再添加背景。在"表格样式"列表中选择"无样式，网格""无样式，无网格"或者"清除表格"选项都可以。

接下来，选择表格中4个相邻的单元格，在"表格工具-布局"选项卡中选择"合并单元格"按钮，将这4个单元格进行合并，如图5-29所示。

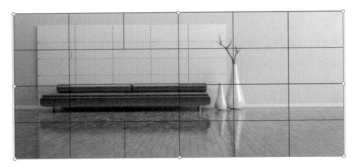

图5-29

将光标放置于合并后的单元格中，单击鼠标右键，在"表格工具-设计"选项卡中单击"底纹"下拉按钮，从列表中选择白色，将单元格填充为白色底纹。利用文本框输入简历标题内容，并设置好文本格式，将其放置于该单元格上方合适位置，效果如图5-30所示。

图5-30

选中表格，将表格边框设为白色。在表格中选择部分单元格，将其底纹设置为白色，设置效果如图5-31所示。至此简历封面效果制作完成。

图5-31

5.2.2　制作简历信息页

▶扫一扫　看视频◀

针对纯文本排版，表格是一个非常好用的排版工具，它能够快速对齐所有文本。下面将以制作简历基本信息页来介绍纯文本排版操作。

选择第2页幻灯片，插入7行6列表格，并调整好表格的大小，放置于页面合适位置，如图5-32所示。

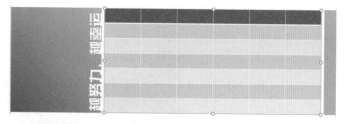

图5-32

清除表格样式。使用"合并单元格"功能，对表格中的部分单元格进行合并，结果如图5-33所示。

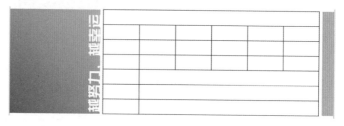

图5-33

选择所需单元格，输入表格内容，并设置好内容格式、对齐方式等，设计结果如图5-34所示。

基本信息					
姓　名	赵真	学　历	大学本科	毕业院校	南昌科技学院
性　别	男	籍　贯	江西南昌	学习专业	艺术设计
民　族	汉	婚姻状况	否	联系方式	135985****9
电子邮箱	Zhao**@163.com				
现居地址	南昌 成仁大街65号				
持有证书	室内设计师资格证、计算机二级证书、高级三维数字建模师证书				

图5-34

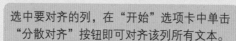

以上文字对齐是怎么做的？怎么让2个文字对齐4个文字的？

基本信息		
姓名	赵真	学历
性别	男	籍贯
民族	汉	婚姻状况
电子邮箱	Zhao**@163.com	
现居地址	南昌 成仁大街65号	
持有证书	室内设计师资格证、计算	

选中要对齐的列，在"开始"选项卡中单击"分散对齐"按钮即可对齐该列所有文本。

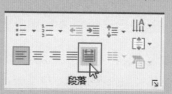

选中表格，将表格设为无边框。选中首行，设置一下"笔颜色"以及"笔画粗细"，在边框列表中选择"下框线"，设置效果如图5-35所示。

图5-35

按照同样的操作方法，完成表格其他框线的设置操作。至此，简历基本信息页制作完成，效果如图5-36所示。

图5-36

5.2.3 制作作品展示页

遇到既有图又有文字的页面，该如何利用表格来排版呢？搭建好表格的框架结构，然后根据需要填充表格内容即可。下面就以作品展示页为例来介绍具体的排版操作。

选择第3张幻灯片，插入2行3列的表格，并调整好表格大小、表格的行高，放置在页面合适位置，如图5-37所示。

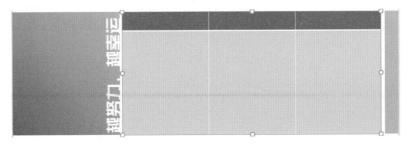

图5-37

清除表格样式。选中首行单元格，将其进行合并。输入文字内容，设置好文本格式及对齐方式，如图5-38所示。

图5-38

将光标定位至第2行首个单元格，单击"底纹"下拉按钮，在列表中选择"图片"选项，在打开的"插入图片"对话框中，选择要填充的图片，单击"插入"按钮即可，如图5-39所示。

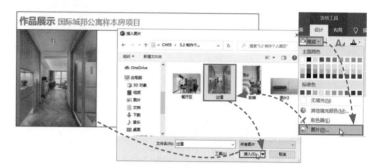

图5-39

按照同样的方法，填充剩余单元格。调整好各列的列宽，如图5-40所示。

图5-40

最后，选中表格，将"笔颜色"设为白色，将"笔画粗细"设为6磅，在边框列表中，选择"内部框线"选项。至此作品展示页制作完成，效果如图5-41所示。

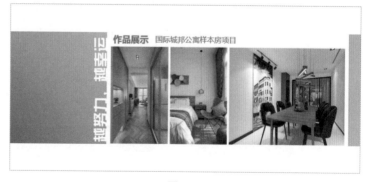

图5-41

5.3 制作全年网课销售图表

图表的使用可以让复杂的数据关系变得可视化、清晰化、形象化，使幻灯片更具有说服力。下面将以制作网课销售统计图表为例来介绍图表的基本操作。

5.3.1 创建销售图表

常用的图表包含柱形图、折线图、饼图、条形图、面积图等。在制作时，用户可根据实际需求来选择图表类型。

▶扫一扫 看视频◀

打开"全年网课分析表"素材文件，选择第1张幻灯片。在当前页面中需要做两组数据，以形成对比。在"插入"选项卡中单击"图表"按钮，打开"插入图表"对话框，选择图表类型。这里选择"簇状条形图"类型，单击"确定"按钮，在页面中可创建一张条形图模板，并打开Excel数据编辑窗口，如图5-42所示。

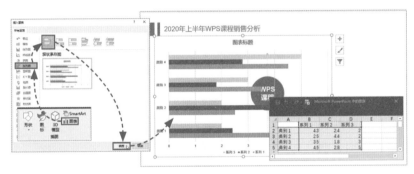

图5-42

当前插入的图表数据为系统默认的数据，用户需要在Excel编辑窗口中输入正确的数据，输入后，图表会随着数据的变化而变化，如图5-43所示。

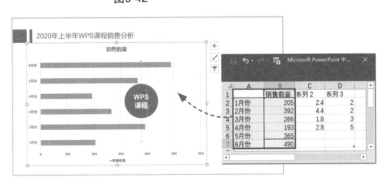

图5-43

注意事项 在Excel编辑窗口中只有被框选的数据才会显示在图表中。

选中创建的图表，调整下它的大小，放置在页面左侧位置。按照同样的操作，创建另一张图表，并放置在页面右侧，结果如图5-44所示。

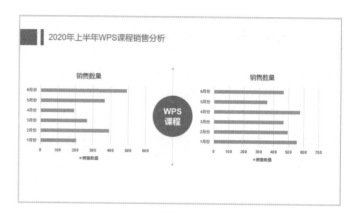

图5-44

双击图表标题，修改标题内容，如图5-45所示。

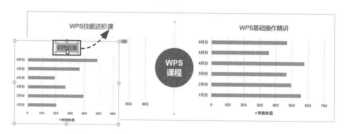

图5-45

通过以上创建的图表来看，虽然是展现两组图表的对比情况，但效果不太直观。在实际工作中遇到数据对比时，可使用组合图表的方式来呈现，如图5-46所示。

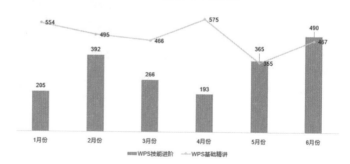

图5-46

先插入一张簇状柱形图，并输入好图表数据，如图5-47所示。

选中图表，在"图表工具-设计"选项卡中单击"更改图表类型"下拉按钮，打开同名对话框。选择"组合图"选项，在打开的设置界面中，用户可以分别对两个图表类型进行更改。例如，将"WPS基础精讲"的图表类型设

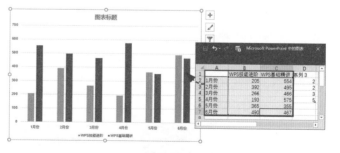

图5-47

置"带数据标记的折线图"类型。设置后，单击"确定"按钮即可完成组合图表的制作，如图5-48所示。

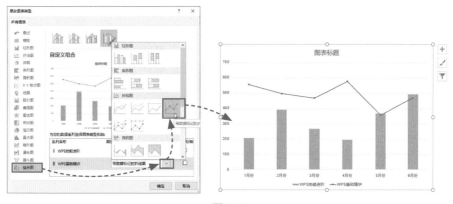

图5-48

最后，适当添加一些图表元素，修改图表颜色即可。

5.3.2　添加销售图表元素

图表创建好后，通常需要为图表添加一些元素，例如数据标签、图例、图表标题、坐标轴等，从而方便他人看懂图表。

▶扫一扫　看视频◀

选中图表，单击图表右上角"图表元素"按钮➕，会打开元素列表。在此用户可以根据需要选择要添加的元素选项即可，如图5-49所示。

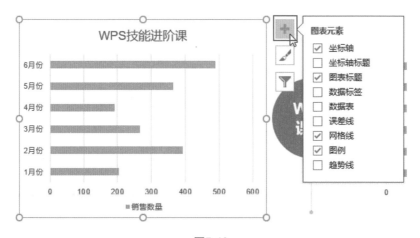

图5-49

在"图表元素"列表中勾选"数据标签"复选框，可为图表添加相应的数据标签。在"数据标签"级联菜单中可以设置标签的具体位置，如图5-50所示。

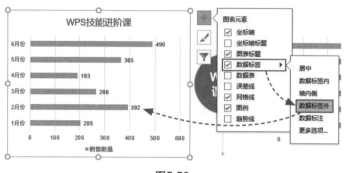

图5-50

在"图表元素"列表中取消勾选"坐标轴"复选框，可隐藏图表坐标轴，如图5-51所示。

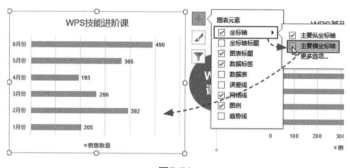

图5-51

在"图表元素"列表中勾选"趋势线"复选框，可为图表添加趋势线。在"趋势线"级联菜单中可以选择趋势线的类型，如图5-52所示。

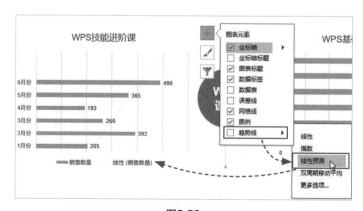

图5-52

在"图表元素"列表中，勾选"图例"复选框可添加图例显示，取消勾选则隐藏图例。在"图例"级联菜单中可以设置图例显示的位置。勾选"数据表"复选框可在图表中添加相应的数据表格。

发现图表数据有错误，怎么改？

很简单。选中图表，在"图表工具-设计"选项卡中单击"编辑数据"按钮，在打开的Excel编辑窗口中重新输入正确的数据即可。输入后，图表数据也会随之改变。

经验之谈

在"图表工具-设计"选项卡中，单击"更改图表类型"按钮，在打开的同名对话框中选择新的图表类型，单击"确定"按钮即可更改当前图表的类型。

5.3.3 对销售图表进行美化

默认的图表样式比较简单，一般来说需要根据当前页面风格进行一番美化操作。下面将对图表的美化操作进行简单介绍。

（1）快速更改图表颜色

选中图表，在"图表工具-设计"选项卡中，单击"更改颜色"下拉按钮，在其列表中用户可以根据页面色调来选择一款匹配的颜色，选择完成后，当前图表的颜色已发生了相应的变化，如图5-53所示。

图5-53

如果为了突出强调图表中某一组数据，可在图表中单独选择该数据系列，在"图表工具-格式"选项卡中单击"形状填充"下拉按钮，从中选择一款颜色即可，如图5-54所示。

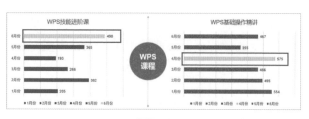

图5-54

（2）快速美化图表样式

PPT内置了多种图表样式，用户可以直接套用这些样式来实现快速美化操作。选中图表，在"图表工具-设计"选项卡中单击"图表样式"选项组的"其他"按钮，在打开的样式列表中，选择一款图表样式即可，如图5-55所示。

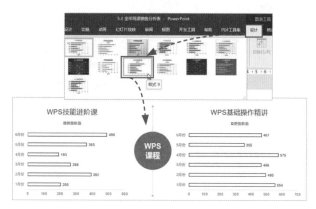

图5-55

此外，用户还可以对图表样式进行自定义设置。在"图表工具-格式"选项卡中，单击"形状填充""形状轮廓""形状效果"三个选项进行设置即可，具体设置与设置形状样式相同，这里就不重复阐述了。

（3）通过形状、图标美化

随着人们审美意识的提高，图表已不再使用单一的数据条来展示。为了能够吸引观众的注意力，PPT设计师们会利用各类有趣的形状或图标来修饰图表，使图表更具有表现力，如图5-56所示。

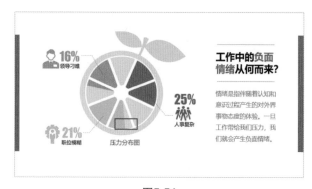

图5-56

下面将以制作网课销售图表为例，介绍如何利用简单图标来美化图表的操作。

在页面中插入簇状条形图表，并在Excel编辑窗口中输入相关数据。利用"图表元素"列表，为该图表添加数据标签、图表标题，调整图例位置以及隐藏主要横坐标轴，如图5-57所示。

右击任意数据系列，在快捷菜单中选择"设置数据系列格式"选项，打开同名设置窗格。选择"填充与线条"选项，打开相应的选项列表。在"填充"选项列表中单击"图片或纹理填充"单选按钮，并单击"插入"按钮，在"插入图片"对话框中，选择所需图标素材，单击"插入"按钮，如图5-58所示。

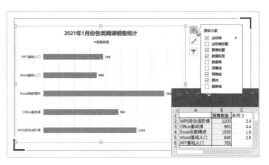

图5-57

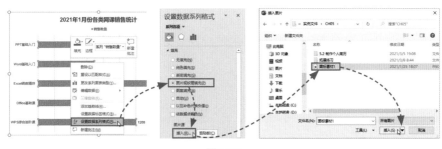

图5-58

此时所有数据系列已填充了相应的图标。当前填充的图标是以"伸展"模式显示，很不美观。为了保证显示效果，我们需要更改图标显示模式。在"设置数据系列格式"窗格的"填充与线条"选项组中，单击"层叠"单选按钮即可，设置结果如图5-59所示。

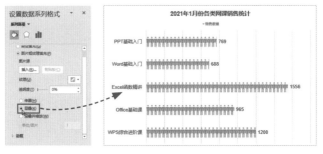

图5-59

经验之谈

在"设置数据系列格式"窗格中的"系列选项"组中，用户可设置"间隙宽度"数值来调整数据系列显示大小，如图5-60所示。

图5-60

拓展练习：制作双休日图书借阅统计图

下面将借助形状美化功能来对普通图表进行美化操作，美化效果如图5-61所示。

Step 01 打开"图书借阅统计"素材文件，选择第1张幻灯片。插入一张簇状柱形图表，并在Excel编辑窗口中输入数据信息，如图5-62所示。

Step 02 通过"图表元素"列表，隐藏图表标题、网格线、主要纵坐标轴，并适当调整一下图表的大小，如图5-63所示。

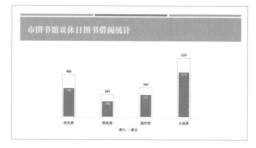

图5-61

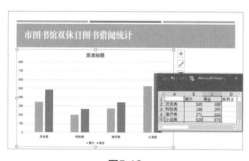

图5-62

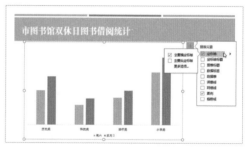

图5-63

Step 03 在图表中选择"周日"数据系列，并单击鼠标右键，在快捷菜单中选择"设置数据系列格式"选项，打开相应的设置窗格。在默认的"系列选项"列表中，将"系列重叠"设为100%，将"间隙宽度"设为200%，如图5-64所示。

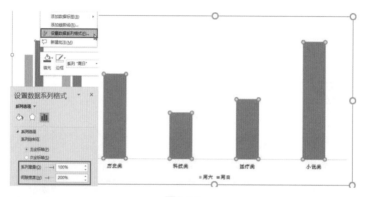

图5-64

Step 04 此时两组数据系列相互重叠。再次选中"周日"数据系列，在"设置数据系列格式"窗格中选择"填充与线条"选项列表，将"填充"设为"无填充"，将"线条"设为"实线"，并调整好颜色和粗细值，如图5-65所示。

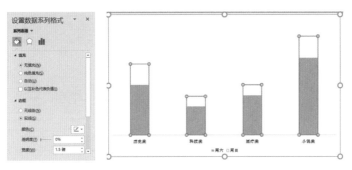

图5-65

Step 05 在"设置数据系列格式"窗格中单击"系列选项"下拉按钮，从中选择"系列'周六'"选项，此时图表中周六数据系列将被选中，如图5-66所示。

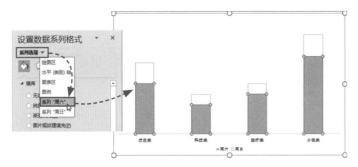

图5-66

Step 06 在"设置数据系列格式"窗格中设置好"周六"数据系列填充色，然后将"边框"设为"实线"，颜色为白色，"宽度"为8磅，效果如图5-67所示。

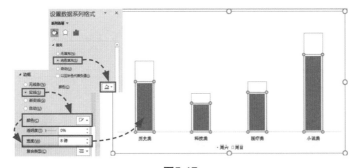

图5-67

Step 07 将"周六"数据系列保持选中状态，单击"图表元素"按钮，在打开的列表中勾选"数据标签"复选框，并将其位置设为"数据标签内"选项，如图5-68所示。

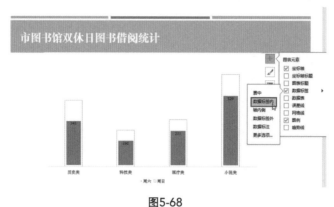

图5-68

Step 08 选中"周日"数据系列，为其添加数据标签，并将其位置设为"数据标签外"选项，如图5-69所示。

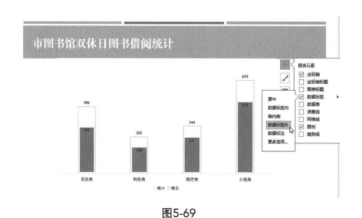

图5-69

Step 09 在"开始"选项卡的"字体"选项组中，用户可分别对两组数据标签的文本、横坐标轴文本以及图例文本的格式进行调整。

至此，图书借阅统计图标制作完成。

工具体验：PPT快速美化工具——PPT美化大师

　　PPT美化大师是一款非常实用的PPT幻灯片美化插件。它为用户提供了丰富的PPT模板、精美的图片和图示等资源，还能完美地嵌套在微软Office中，运行速度快，操作简单，可以快速帮助用户完成PPT的制作与美化，如图5-70所示。

图5-70

　　用户新建一个空白PPT后，在"美化大师"选项卡中可以新建幻灯片、目录以及进行内容规划等，如图5-71所示。

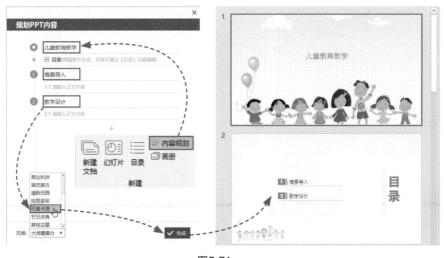

图5-71

在"美化"选项组中，用户可以更换幻灯片的背景，如图5-72所示，或者随机更换幻灯片主题背景。

图5-72

在"工具"选项组中，用户可以替换字体、设置行距、批量删除动画、导出PPT等，如图5-73所示。

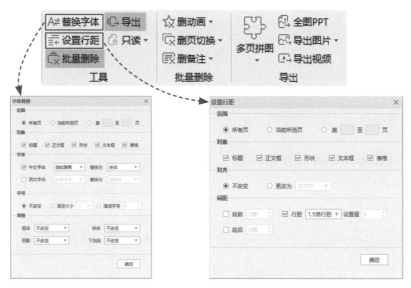

图5-73

如对此插件感兴趣，可去官方网站上免费下载安装，进行体验操作。

第 6 章

氛围渲染的
利器

在PPT中适当插入音频和视频文件，可以丰富页面内容，
同时也能烘托现场氛围，让观众情不自禁地投入演说情境中，
从而跟随演说者的情绪和思路一步步走向高潮。

6.1 为主题班会课件添加背景乐

本节将以主题班会课件为例，向用户简单介绍音频文件在PPT中的应用操作。

6.1.1 插入背景乐文件

背景乐的插入方法很简单，最快捷的方法就是将背景乐直接拖拽至相关页面中，当页面中显示出喇叭图标以及音频播放器，说明背景乐插入成功，如图6-1所示。

▶扫一扫 看视频◀

PPT中除可以添加背景乐外，还可以根据当前内容的需要添加录音以及动作声音。在"插入"选项卡中单击"音频"下拉按钮，从列表中选择"录制音频"选项，在打开的"录制声音"对话框中单击"●"按钮，进入录制状态，录制结束后单击"■"按钮，停止录制。单击"▶"按

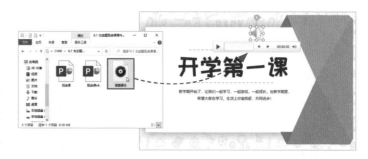

图6-1

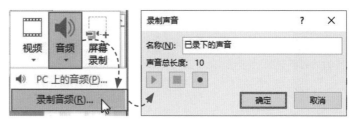

图6-2

钮，可试听录制的声音文件。单击"确定"按钮，该段录音将会直接嵌入当前页面中，如图6-2所示。

注意事项 嵌入音频和插入音频文件是不一样的。嵌入的音频文件属于PPT文件的一部分，它的体积比较小，在打包PPT文件时，该音频文件会随着PPT一起保存，无需源文件。而插入的音频一般体积较大，在打包时，音频文件需要与PPT一起打包，如果缺失源文件，会导致在播放该PPT时音频将无法正常播放。

PPT中内置了大量的动作音效，例如爆炸、捶打、鼓声、风声等。巧妙地运用这些音效，也会使页面内容变得有趣。添加内置的动作音效的话，通常可使用动作链接功能。

在页面中指定要链接的元素，在"插入"选项卡中单击"动作"按钮，在打开的"操作设置"对话框中，勾选"播放声音"复选框，并单击其下拉按钮，在列表中选择所需的动作声音即可。在放映时只需单击链接元素，即可播放音效，如图6-3所示。

图6-3

经验之谈

内置的动作音效如果不能满足需求，用户还可以添加自己特有的音效。在"播放声音"列表中选择"其他声音"选项，在打开的对话框中选择所需的音效即可。

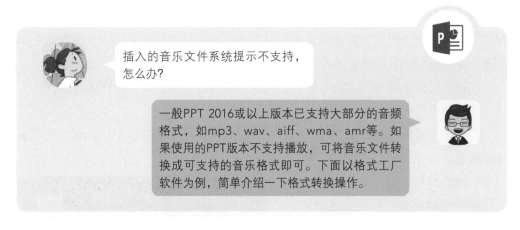

插入的音乐文件系统提示不支持，怎么办？

一般PPT 2016或以上版本已支持大部分的音频格式，如mp3、wav、aiff、wma、amr等。如果使用的PPT版本不支持播放，可将音乐文件转换成可支持的音乐格式即可。下面以格式工厂软件为例，简单介绍一下格式转换操作。

启动格式工厂软件，将要转换的音乐文件直接拖至软件界面中，在打开的对话框中，选择要转换的文件格式，单击"确定→开始"按钮即可进入转换操作，如图6-4所示。完成后,按照系统默认输出的路径, 即可找到转换后的音频文件。

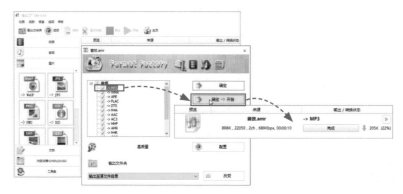

图6-4

6.1.2　设置背景乐播放模式

▶扫一扫　看视频◀

　　背景乐插入后, 用户可对背景乐的一些常用参数进行设置, 例如开始模式、播放模式等。

（1）开始模式

　　选中音频, 在"音频工具-播放"选项卡的"音频选项"组中单击"开始"下拉按钮, 在打开的列表中可调整音频开始模式, 如图6-5所示。

　　PPT 2019版本中默认的音频开始

图6-5

模式为"按照单击顺序"。该模式是按照当前页面放映的顺序来播放, 也就是说如果在音频播放前还有其他动画要放映, 那么就先播放动画, 然后再播放音频。

　　若将开始模式设为"自动"后, 在放映当前幻灯片时, 系统将自动播放音频文件, 不需要进行任何单击操作。

　　若将开始模式设为"单击时"后, 在放映时, 需要单击播放器上的播放按钮▶才会播放。

（2）跨幻灯片播放

　　在"音频选项"组中勾选"跨幻灯片播放"复选框, 可将当前背景乐跨页播放, 直到背景乐播放结束为止, 如图6-6所示。

图6-6

取消该选项的勾选后，该背景乐只会在当前页播放。一旦翻页，将停止播放。

想从PPT第3张幻灯片开始取消音乐播放，怎么设置？

很简单，我们只需借助"动画"选项组中相关选项进行设置即可。下面就介绍具体的操作方法。

选中背景乐，单击"动画"选项卡的"动画"选项组右侧⌐按钮，打开"播放音频"对话框中的"停止播放"选项组中单击"在***张幻灯片后"单选按钮，并在数值框中输入"2"，单击"确定"按钮即可，如图6-7所示。

（3）循环播放背景乐

在"音频选项"组中勾选"循环播放，直到停止"复选框，此时在放映时，背景乐会循环播放，直到按Esc键取消放映为止，如图6-8所示。

图6-7

图6-8

（4）放映时隐藏

勾选"放映时隐藏"复选框后，在放映时，页面中的喇叭图标以及播放器会自动隐藏，如图6-9所示。

经验之谈

在"音频工具-播放"选项卡的"编辑"选项组中，用户可以对音频文件的渐入、渐出进行设置，如图6-10所示。

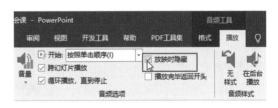

图6-9

图6-10

6.1.3　对背景乐进行剪辑

如果对背景乐的时长有要求，用户可以对其进行剪辑。选中背景乐，在"音频工具-播放"选项卡中单击"剪裁音频"按钮，打开同名对话框，根据需要调整进度条上的开始或结束滑块的位置，单击"播放"按钮，试听剪辑后的音乐，确认无误后，单击"确定"按钮即可，如图6-11所示。

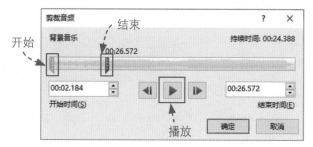

图6-11

6.2　为PPT基础课件添加教学视频

视频的添加可使整个PPT更生动有趣。在PPT中，视频的添加与音频相似。下面将以PPT基础课件为例来介绍视频功能的应用操作。

6.2.1　添加课件教学视频

▶扫一扫　看视频

在课件中添加教学视频有两种操作方法：一种是插入现有的视频；另一种则是插入录制的视频。下面分别对其操作进行说明。

（1）插入现有的视频

该操作与插入背景乐的方法相同，用户可以直接将视频文件拖至幻灯片页面中即可，如图6-12所示。

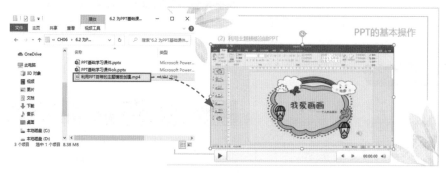

图6-12

视频插入后，用户可以对视频窗口的大小进行调整，调整方法与调整图片大小相同，如图6-13所示。

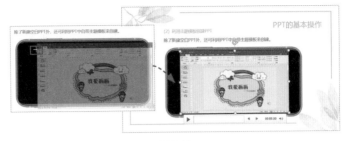

图6-13

此外，用户可以通过"裁剪"功能对视频窗口进行裁剪。选中插入的视频文件，在"视频工具-格式"选项卡中单击"裁剪"按钮，通过窗口四周裁剪点来调整裁剪范围，如图6-14所示。

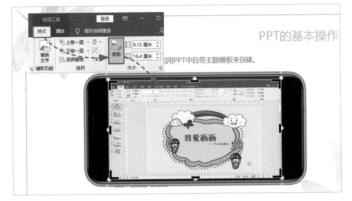

图6-14

（2）嵌入录制视频

如果没有现成的视频文件，用户可通过"屏幕录制"功能进行现场录制，录制结束后，系统会自动将录制的视频嵌入幻灯片中，使用起来非常方便。

在"插入"选项卡中单击"屏幕录制"按钮，此时当前PPT会最小化显示，电脑屏幕会以半透明状态显示。在屏幕上方会显示出录制工具栏，单击工具栏中的"选择区域"按钮，框选出录制范围，如图6-15所示。

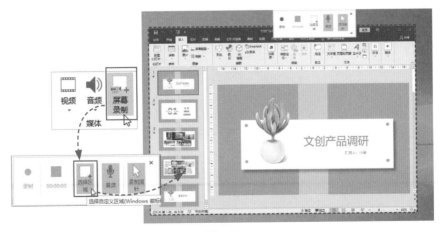

图6-15

框选完成后，单击工具栏中的"录制"按钮进入录制倒计时，倒计时结束后开始录制。在录制过程中，用户可随时调出工具栏暂停录制。录制结束后，单击"停止"按钮，录制的视频会自动嵌入当前幻灯片中，如图6-16所示。

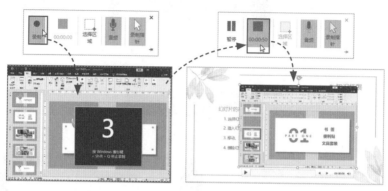

图6-16

嵌入录制视频后，用户可以对它的窗口大小进行等比缩放，并将其移至页面所需位置即可。单击播放器中的播放按钮，即可查看录制效果。

经验之谈

PPT支持的视频格式有mp4、avi、swf、mkv、mov、wmv等。当遇到不支持的视频格式时，同样可使用格式工厂软件来进行转换操作。

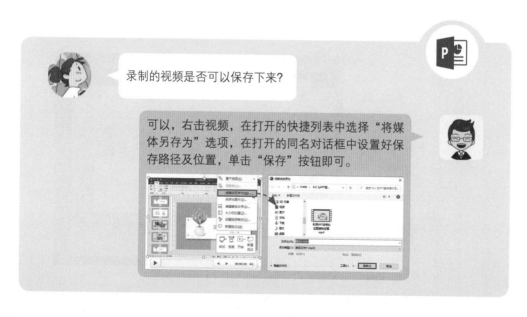

录制的视频是否可以保存下来？

可以，右击视频，在打开的快捷列表中选择"将媒体另存为"选项，在打开的同名对话框中设置好保存路径及位置，单击"保存"按钮即可。

6.2.2　设置教学视频播放模式

与音频文件相同，视频文件插入后，需要根据要求来对其播放模式进行设置才行。默认情况下，视频是以"按照单击顺序"模式开始播放的。如果想要更改其开始模式，只需选中视频，在"视频工具-播放"选项卡中单击"开始"下拉按钮，在其列表中选择所需的模式即可，如图6-17所示。视频的开始模式与音频的相同，在此就不再重复介绍。

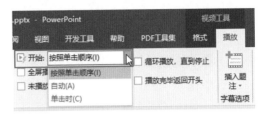

图6-17

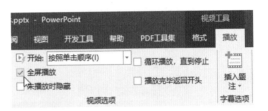

图6-18

在"视频选项"组中，用户可以设置视频的播放模式。勾选"全屏播放"复选框后，视频会全屏显示，如图6-18所示。其他三组选项很少会用到，这里保持默认设置即可。

注意事项　PPT 2019以下版本中，无论是视频还是音频文件，其开始模式默认为"单击时"。

6.2.3　剪辑教学视频文件

如果需要对视频文件进行剪辑，只需选中视频，在"视频工具-播放"选项卡中单击"剪裁视频"按钮，在打开的同名对话框中，调整开始和结束滑块的位置，单击"播放"按钮查看调整结果，确认后单击"确定"按钮即可，如图6-19所示。

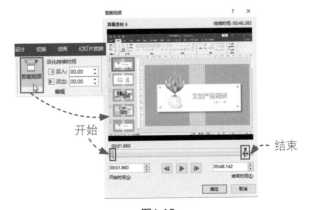

图6-19

注意事项　PPT中对音频和视频只能进行掐头去尾的简单剪辑。如果想剪去视频或音频中某个片段，是无法实现的。

6.2.4 美化教学视频外观

为了让视频能够与页面风格相协调，使视频更具有美观性，用户可以对插入的视频进行美化，例如更改视频色调、亮度、对比度以及视频窗口样式等。

（1）更改视频色调、亮度及对比度

选中视频，在"视频工具-格式"选项卡中单击"颜色"下拉按钮，在打开的列表中可以调整视频色调，让其融入页面主色调中，如图6-20所示。

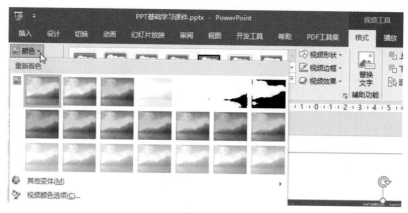

图6-20

视频色调调整结果如图6-21所示。

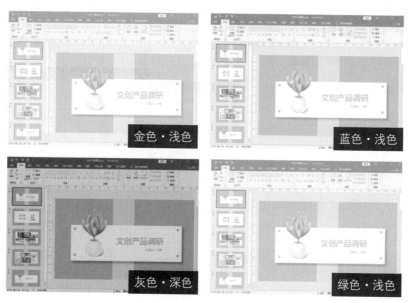

图6-21

在"视频工具-格式"选项卡中，单击"更正"下拉按钮，在打开的列表中可对当前视频的亮度及对比度进行调整，如图6-22所示。

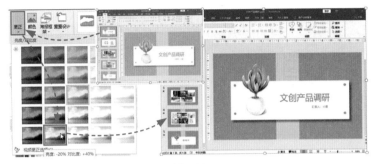

图6-22

（2）调整视频窗口样式

选中视频，在"视频工具-格式"选项卡中单击"视频样式"下拉按钮，从列表中可以调整当前视频窗口的样式，如图6-23所示。

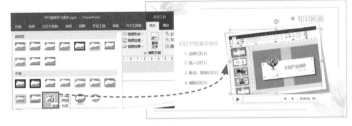

图6-23

（3）设置视频封面

当视频封面是黑色时，多多少少都会影响到页面的整体效果。这时，用户可以利用"海报框架"功能来美化视频封面。在"视频工具-格式"选项卡中单击"海报框架"下拉按钮，从列表中选择"文件中的图像"选项，在打开的对话框中选择所需图片，单击"插入"按钮，此时该图片已作为视频封面显示了，如图6-24所示。

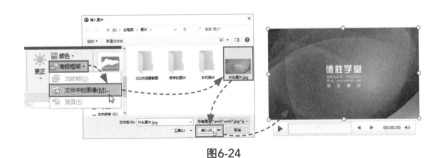

图6-24

经验之谈

用户还可以使用视频内某一画面作为封面来显示。先在播放进度条上定位好所需的画面，然后单击"海报框架"下拉按钮，从列表中选择"当前帧"选项即可。

6.2.5 实现视频点播功能

利用视频书签和触发器功能，可以实现视频点播功能。想看什么内容，只需轻轻一点就能及时切换至相关视频内容上。下面将以"幻灯片的基本操作"视频为例来介绍具体的设置操作。

选中视频，在播放进度条中指定好"选择幻灯片"视频片段开始处，在"视频工具-播放"选项卡中单击"添加书签"按钮，完成第一段视频书签的添加操作，如图6-25所示，书签自动命名为"书签1"。

按照同样的方法，在视频进度条上为"插入幻灯片""移动复制幻灯片"以及"删除幻灯片"视频片段分别添加相应的书签，书签命名为"书签2""书签3""书签4"，如图6-26所示。

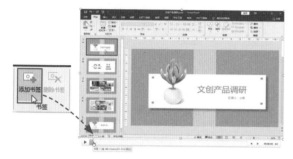

图6-25

图6-26

选中"书签1"，在"动画"选项卡的"动画"列表中选择"搜索"选项，并单击"动画窗格"按钮，打开相应的设置窗格，右击"书签1"动画项，在打开的右键菜单中选择"计时"选项，在打开的对话框中单击"触发器"按钮，将"单击下列对象时启动动画效果"设为"文本框85：1.选择幻灯片"选项，如图6-27所示。

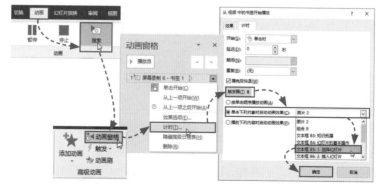

图6-27

选中"书签2"，在"动画"选项卡中单击"添加动画"下拉按钮，在列表中选择"搜索"选项。然后在"动画窗格"中右击"书签2"选项，在快捷菜单中选择"计时"选项，打开相应的对话框，将"单击下列对象时启动动画效果"设为"文本框86：2.插入幻灯片"选项，如图6-28所示。

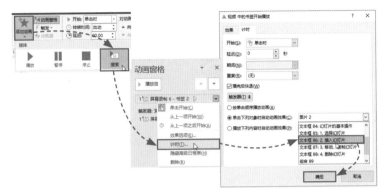

图6-28

按照相同的方法，完成"书签3"和"书签4"的链接操作。按Shift+F5组合键放映当前幻灯片。将光标移至"2.插入幻灯片"文本框上方，光标会变成手指形状，单击该文本框，此时视频画面会随即跳转到相关内容并开始播放，如图6-29所示。

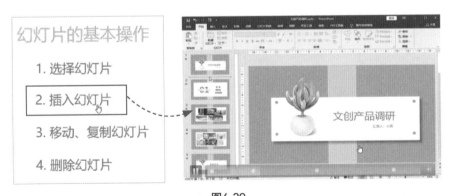

图6-29

注意事项 在设置"书签2""书签3""书签4"的链接时（"书签1"除外），都需要在"动画"选项卡的"添加动画"列表中选择"搜索"选项才可，否则会导致链接失败，无法实现点播效果。

拓展练习：完善新手学电脑课件内容

　　下面将以完善"新手学电脑课件"为例来对本章所学的知识点进行巩固，部分课件内容如图6-30所示。

图6-30

Step 01　打开"新手学电脑"素材文件，选择第1张幻灯片。将"开场音乐"素材文件直接拖拽至该幻灯片中，如图6-31所示。

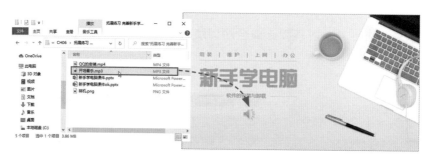

图6-31

Step 02　选中插入的片头音乐，在"音频工具-播放"选项卡中，单击"开始"下拉按钮，在列表中选择"自动"模式。当放映该页时，音乐将自动播放，如图6-32所示。

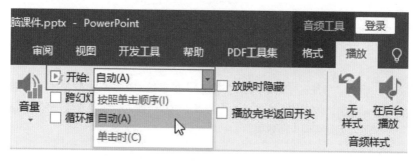

图6-32

Step 03 在"音频工具-播放"选项卡中，单击"裁剪音频"按钮，在打开的同名对话框中，对片头音乐进行裁剪操作，如图6-33所示。

Step 04 选中第3张幻灯片，先将"样机"图片素材插入页面中，并调整好大小和位置，结果如图6-34所示。

图6-33　　　　　　　　　　图6-34

Step 05 将"QQ的安装"视频素材拖入页面中，并调整好大小，放入样机图片中，如图6-35所示。

图6-35

Step 06 选中视频素材，在"视频工具-格式"选项卡中单击"更正"下拉按钮，调整一下视频的亮度，如图6-36所示。

Step 07 在封面页中选择片头音乐，将其复制到结尾页中，作为片尾音乐，起到前后呼应效果，如图6-37所示。至此，新手学电脑课件制作完成。

图6-36　　　　　　　　　　图6-37

工具体验：视频编辑工具——Camtasia Studio

PPT屏幕录制功能虽然方便，但录制的效果不太好。如果用户对视频有要求的话，还需使用一些专业的屏幕录制工具进行辅助操作。市面上的屏幕录制工具有很多，这里就向用户介绍一款比较实用的录制软件——Camtasia Studio。该软件在制作课件时经常会被用到，如图6-38所示是该软件的启动界面。

图6-38

该软件由视频录制、视频编辑、视频导出3个部分组成。下面将分别对其进行简单介绍。这里用户只需大致了解一下，如有兴趣，请阅读专业的学习教程。

（1）视频录制

启动软件后，在操作界面中单击"录制屏幕"按钮即可进入录制界面，这里用户只需设置好录制尺寸及麦克风，就可以进行录制操作，如图6-39所示。

图6-39

（2）视频编辑

视频录制完成后，通常需要对录制的视频进行修剪，以便呈现出更好的视频效果。将视频直接拖入视频轨道中，然后通过轨道上的滑块来选择要修剪的范围，并在上方编辑栏中选择具体的编辑命令即可对该视频进行编辑操作，如图6-40所示。

编辑区

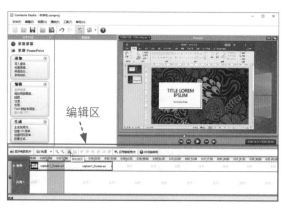

图6-40

（3）导出视频

视频编辑好后，用户可以利用"生成视频为"功能，将视频进行导出操作。导出的视频格式有多种，例如WMV、AVI、MOV、RM、GIF等。用户只需在导出向导中勾选所需的视频格式即可，如图6-41所示。

该软件可进行批量导出操作。只需设定好一个视频导出方案，其他视频都可根据设定好的方案进行批量导出，非常方便。

图6-41

第**7**章

动画的合理
使用

动画是PPT的精髓，也是PPT最吸睛的部分。它不仅能让PPT变得有趣，还能够快速提升PPT的表现力。这么说吧，PPT没有动画，就像做菜忘记放调料，没味儿。

7.1 为成都宣传册添加动画效果

下面将以成都宣传册为例来向用户介绍PPT动画的简单应用，包括动画的添加原则、基础动画的应用等。

动画是把双刃剑，用得好，可以使PPT锦上添花；用得不好，是会毁掉PPT的。所以PPT中的动画是不能够随意乱用的，它有一定的使用原则。

（1）必要性

动画是吸引观众注意力的关键，将动画运用在要强调的观点内容上才有意义。否则，为了追求炫酷，盲目地添加动画，除了会让观众眼花缭乱外，对观点的传达并没有本质的帮助。所以动画只需用在该强调的内容上，那些不必要的，该省略就省略。

（2）简洁性

用简洁的动画来表达观点，这样观众才会记忆犹新。相反节奏拖拉、动作烦琐的动画只会快速消耗观众的耐心。

（3）自然性

让人舒适的动画一定是连贯的、自然的、符合规律的，而那些脱离规律的动画，会显得很怪异，观众也难以接受。

（4）创意性

有好创意，才能有好动画，所以创意是好动画的关键。在一些大师级作品中，一些看似简单的小动画，大多都取胜于创意。而往往这些小创意动画，才是PPT最吸睛的部分。

我刚学PPT，想要做好动画，该怎么做？

对于新手来说，想一下子做出好的动画效果，有点不切实际。因为这是个长期积累的过程。我们要先掌握动画的一些基本操作，然后通过不断地模仿别人好的作品，积累制作经验，看得多，做得多，自然水平就提高了。

7.1.2 为封面页添加进入动画

进入动画是对象从无到有、逐渐出现的动画过程。这里需要为"成都"文字图片添加"切入"动画效果。先选择该图片，在"动画"选项卡中的"动画"选项组中单击"其他"按钮，打开动画列表。在"进入"列表中选择"切入"选项即可预览相应的动画效果，如图7-1所示。

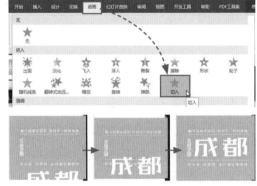

图7-1

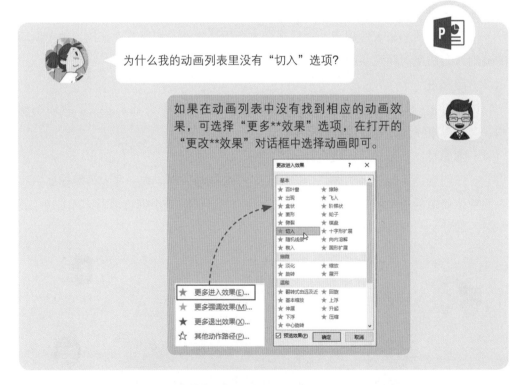

为什么我的动画列表里没有"切入"选项？

如果在动画列表中没有找到相应的动画效果，可选择"更多**效果"选项，在打开的"更改**效果"对话框中选择动画即可。

默认情况下，"切入"动画的运动方向是由下往上的。用户可以对其运动方向进行更改。选中切入对象，在"动画"选项卡中单击"效果选项"下拉按钮，从列表中选择其他方向，这里选择"自右侧"，此时，切入方向就由原来的由下向上变换为由右向左了，如图7-2所示。

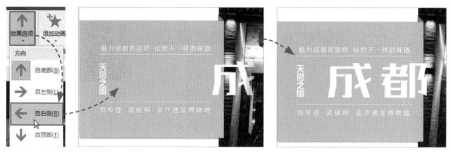

图7-2

在封面页中，选择"天府之国"文本框，同样为其添加"切入"动画，动画方向为"自左侧"，结果如图7-3所示。

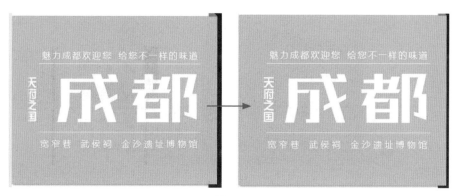

图7-3

为对象添加动画后，会在该对象左上角显示"1""2""3"等动画编号，这表明该对象已添加了动画效果。当放映该幻灯片时，系统会按照编号的前后顺序来播放动画，如图7-4所示。

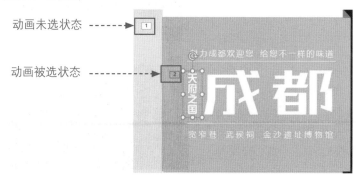

图7-4

在封面页中继续选中副标题文本"魅力成都欢迎您……",在动画列表中选择"飞入"进入动画,如图7-5所示。

图7-5

选中"飞入"动画,单击"效果选项"下拉按钮,从列表中选择"自左侧"选项,调整好飞入动画的运动方向,如图7-6所示。

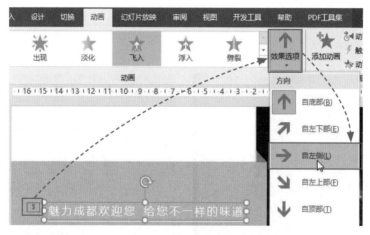

图7-6

参照以上动画的添加方法,将封面页其他元素都添加相应的动画效果,并设置好运动方向,如图7-7所示。

图7-7

7.1.3　调整动画的播放顺序

在为封面内容添加动画后，单击"动画"选项卡中的"预览"按钮预览动画，此时会发现，在放映时画面一片空白。这是因为动画放映的顺序不正确，才会导致这样的结果，调整一下播放的顺序就可以了。这里就要用到"动画窗格"功能。

在"动画"选项卡中单击"动画窗格"按钮，即可打开同名设置窗格。该窗格中显示了当前页面所有的动画项，如图7-8所示。利用该窗格可以对动画的播放顺序、动画特效、动画计时等功能进行设置，它是PPT动画的重要设置项。

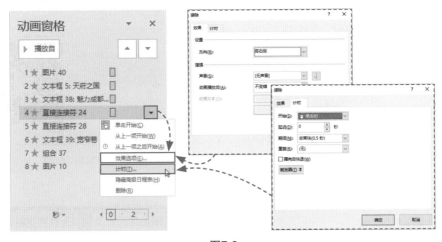

图7-8

在动画窗格中选择动画项后，幻灯片中相应的动画随即也会被选中，如图7-9所示。

图7-9

下面就来调整动画的播放顺序。在动画窗格中先选择编号"8"的动画项（图片10），按住鼠标左键不放，将其拖至最上方（编号"1"前），放开鼠标即可。此时动画编号会重新排列，如图7-10所示。此时幻灯片中的动画编号也会做相应的改动。接下来按照同样的方法，调整其他动画项的位置，结果如图7-11所示。

图7-10   图7-11

7.1.4 设置动画的播放模式

▶扫一扫　看视频◀

默认情况下，动画的播放模式为单击时。也就是说，单击一次鼠标，播放一个动画。而封面页添加了8个动画，则需单击8次鼠标才能播完所有动画。那么如何能够让它们自动播放呢？答案很简单，只需更改这些动画的播放模式就行了。

在"动画"选项卡的"计时"选项组中，单击"开始"下拉按钮，在打开的列表中选择一种播放模式即可，如图7-12所示。

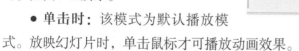

图7-12

● **单击时**：该模式为默认播放模式。放映幻灯片时，单击鼠标才可播放动画效果。

● **与上一动画同时**：该模式是指当前动画与前一个动画同时播放。

● **上一动画之后**：该模式是指当前一个动画结束后，再开始播放当前动画。

在动画窗格中右击编号"1"（图片10）的动画项，在快捷列表中选择"从上一项开始"选项，即可更改该动画的模式，此时原编号"1"则更改为"0"，其他动画编号将依次重新排列，如图7-13所示。

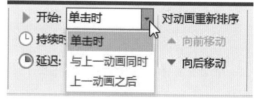

图7-13

在动画窗格的右键菜单中，"单击开始""从上一项开始""从上一项之后开始"这三种播放模式与"计时"选项组中"单击时""与上一动画同时""上一动画之后"的三种模式一一对应。此外，在右键菜单中选择"计时"选项，在打开的对话框中，也可以设置"开始"模式，如图7-14所示。

图7-14

在动画窗格中选择编号"2"（组合37）的动画项，将其设为"从上一项之后开始"模式，按照同样的方法，完成剩余动画模式的设置操作，结果如图7-15所示。

设置完成后，用户可按F5键查看最终动画效果，结果如图7-16所示。

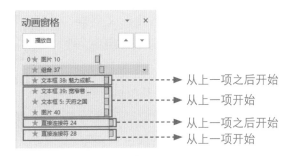

图7-15

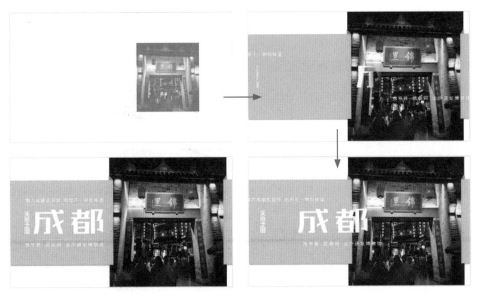

图7-16

7.1.5 为宣传册内容页添加强调动画

以上主要介绍的是进入动画的操作。下面将以设置宣传册内容页动画为例来介绍一下强调动画和退出动画的应用操作。

对于需要特别强调的对象，可以对其应用强调动画。这类动画在放映过程中能够吸引观众的注意。它不是从无到有，而是一开始就存在。只是在进行动画演绎时，对象的形状或颜色会发生变化。

图7-17

选中第4张幻灯片中的文本框，在"动画"列表的"强调"组中，选择"画笔颜色"选项，为其文本添加强调动画效果，如图7-17所示。

"画笔颜色"强调动画指的是通过用户指定的文本颜色从左至右刷过文字。默认情况下，画笔颜色为橘红色，用户可在"动画"选项卡中单击"效果选项"下拉按钮，在其列表中选择一款文字颜色，即可更改画笔颜色。这里将颜色设为蓝色，效果如图7-18所示。

图7-18

图7-19

在"效果选项"列表中，用户可以对动画序列进行调整，默认为"作为一个对象"播放动画。若选择"全部一起"序列的话，系统会同时将几个段落一起开始播放强调动画，如图7-19所示。若选择"按段落"序列的话，系统会在第1段落动画结束后，停顿一会，再开始下一段落的动画，如图7-20所示。

图7-20

强调动画对于文本元素来说，可选的余地较多，而对于图片或形状元素来说，可选的余地相对少一些，如图7-21所示。有时对一些元素进行组合后，会有意想不到的效果。

图7-21

经验之谈

强调动画一般应用于两种场合。

① 在进入动画后进行强调动画，这样会显得更自然。如果没有进入动画，直接就是强调动画，整体会感觉很突兀。

② 在进入、退出动画过程中添加强调动画，就不会使这两组动画过于僵化，能起到缓和作用。

接下来简单地介绍一下退出动画。

退出动画与进入动画相反，它是对象从有到无、逐渐消失的过程。从动画列表中可以看出"进入"和"退出"两类动画效果是相对应的。例如"飞入"效果对应"飞出"效果，"浮入"效果对应"浮出"效果等，如图7-22所示。

图7-22

通常退出动画需要与进入动画一起搭配使用，切不可单一使用，否则会感觉很不自然、很怪异。此外，在制作退出动画时，需要考虑以下两个因素。

● 退出效果应与进入效果保持一致，也就是说怎样进入的，就怎样退出。例如，进入效果为飞入，那么退出效果则为飞出。

● 需要注意与下一页或下一个动画的过渡，尽量保持动作连贯性。

7.2 制作动态北京天文馆参观相册

在了解了几组基本动画的应用后，接下来以北京天文馆相册为例来介绍PPT组合动画以及切换动画的应用操作。

以上介绍的动画基本上是单一的动画效果，也就是说一个对象上只添加一种动画。而大多数人对PPT动画的认识也往往局限于此。其实，真正的动画是需要组合使用的。例如，小球在向前运动时，往往伴随着自身旋转；树叶飘落下来时，不是直线落下，而是会进行翻转的。这才符合自然规律。

简单地说，组合动画就是在已有的动画基础上再添加一组或多组动画，使对象呈现多样化效果。下面以相册内容页为例来介绍组合动画的简单应用。

打开"北京天文馆参观相册"素材文件，选择第2张幻灯片。先选中"B馆宇宙畅游"标题文本框，为其添加擦除动画，动画方向为自左侧，如图7-23所示。

将该动画保持选中状态，在"动画"选项卡中单击"添加动画"下拉按钮，在打开的列表中选择"动作路径"组的"直线"选项，为其叠加一个直线路径动画效果，如图7-24所示。

图7-23

此时用户会发现当前标题左上方会显示两个动画编号，则表明该对象叠加了两个动画效果。将直线路径动画保持选中状态，

图7-24

148

在"动画"选项卡中单击"效果选项"下拉按钮，将其运动方向设为"上"。设置好后，单击"预览"按钮，可预览设置的动画效果，如图7-25所示。

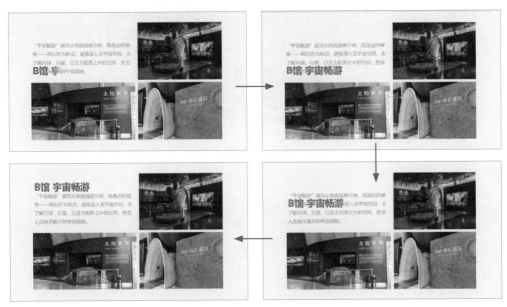

图7-25

从上图能够看出，该标题先由左向右进入页面，然后再由下向上滑动至页面顶端，这是一连贯的操作，也是组合动画的一种体现。

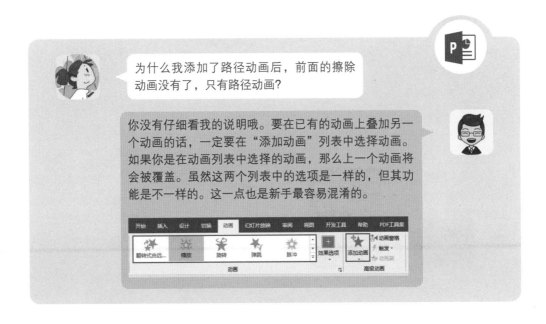

接下来选择内容文本框，为其添加擦除进入动画，并将其方向设为"自顶部"
选项。分别选择三张图
片，分别为其添加缩放
进入动画，其方向设为
"幻灯片中心"，如图
7-26所示。

接下来需要利用动
画窗格设置当前幻灯片
中所有动画的播放模
式。打开动画窗格，选
中编号"1"的动画项，
将其播放模式设为"从
上一项开始"，如图
7-27所示。按照相同操
作，设置其他动画项的
播放模式，如图7-28
所示。

图7-26

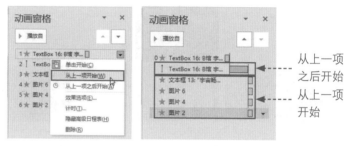

图7-27　　　　　**图7-28**

设置完后，按Shift+F5组合键，放映当前页，查看设置后的动画效果，如图
7-29所示。

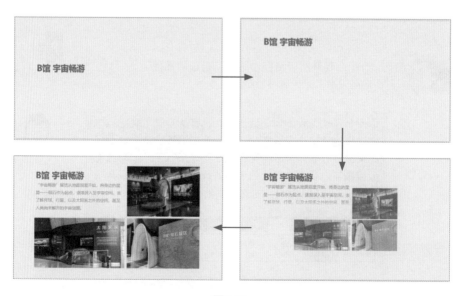

图7-29

预览后，发现内容与图片是同时显示的，显得比较呆板。为了丰富动画效果，增加层次感，用户可在"计时"选项组中对动画的"持续时间"和"延迟"参数进行调整，让内容和图片的显示有种错落感。

在动画窗格中，选择"图片6"动画项，在"计时"选项组中将"持续时间"设为1秒（01.00），默认为0.5秒。选择"图片4"动画项，同样将其"持续时间"设为1秒，将"延迟"设为0.4秒。选择"图片2"动画项，将"持续时间"设为1秒，将"延迟"设为0.8秒，如图7-30所示。

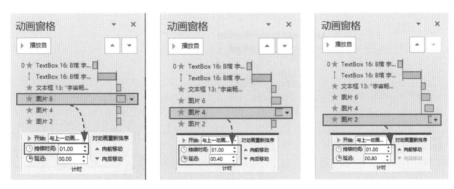

图7-30

再次按Shift+F5组合键，发现动画效果发生了微妙的变化，整体效果要好很多，如图7-31所示。

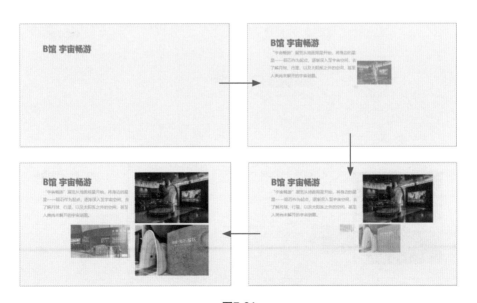

图7-31

由此说明，如果动画效果比较刻板、不灵活，那么用户就可以通过改变动画的时长以及延迟时间来调整。数值不同，效果就不同，兴许会有意想不到的效果。

下面将为第3张内容页添加动画效果。由于该页内容版式与第2张相同，用户就可以使用相同的动画效果，使之保持统一性。在此可以使用"动画刷"功能将第2页的动画复制于此，无须重复设置操作。

先选中第2页中的标题，在"动画"选项卡中单击"动画刷"按钮，此时光标右侧会显示刷子形状，切换到第3页幻灯片，选中标题"B馆 宇宙穿梭"文本框即可完成动画的复制操作，如图7-32所示。

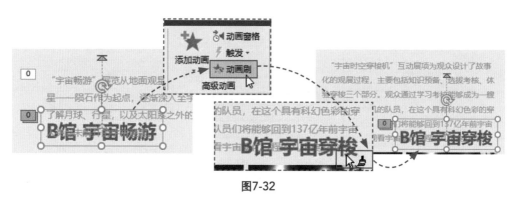

图7-32

按照同样的复制方法，为其他元素添加相应的动画效果。按Shift+F5组合键，查看当前所有动画，如图7-33所示。

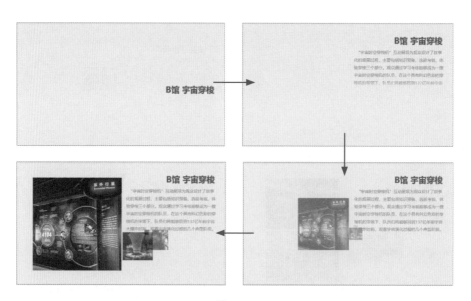

图7-33

7.2.2 为相册结尾页添加动画

在7.1.5节中对退出动画的概念进行了简单的介绍，下面将以制作结尾页动画为例来介绍一下退出动画的具体应用。

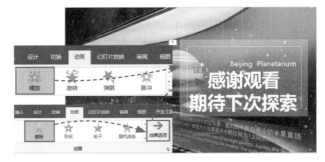

图7-34

选择结尾页，先选中半透明底纹，为其添加缩放进入动画，方向为默认。然后选择"感谢观看"文本框，先为其添加擦除进入动画，将方向设为"自左侧"，如图7-34所示。

将"感谢观看"文本框保持为选中状态，在"动画"选项卡中单击"添加动画"下拉按钮，在"退出"组中选择"擦除"选项，并将其动画方向设为"自左侧"，如图7-35所示。

图7-35

接下来将"期待下次探索""Beijing Planetarium"以及白色矩形边框这3个元素都添加擦除进入动画，动画方向设为"自左侧"选项。调整好"期待下次探索"文本框的位置，将其与"感谢观看"文本重叠，如图7-36所示。打开动画窗格，设置好每个动画项的播放模式，如图7-37所示。

图7-36

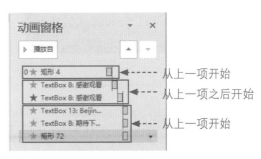

图7-37

设置完成后，按Shift+F5组合键
查看动画效果。此时会发现，"感谢
观看"文本框刚进入就退出了，节
奏比较快，需要添加延迟时间。那
么就在动画窗格中选择"感谢观
看"退出动画项★，在"动画"选项
卡的"计时"选项组中，将延迟设
为0.5秒即可，如图7-38所示。

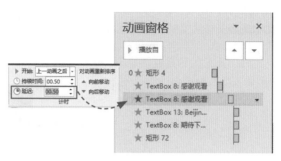

图7-38

经验之谈

在动画窗格中，用户可以通过颜色来区分各类动画。绿色图标★项为进入动画；黄色
图标★为强调动画；红色图标★为退出动画；带路径图标↑则为路径动画。

再次按Shift+F5组合键放映当前页，查看动画整体效果，如图7-39所示。

图7-39

7.2.3 为相册添加页面切换效果

页面切换动画指的是在两张或多张页面切换时产生的动画效
果，使页面间实现无缝连接。PPT中内置了多种切换效果，按照

切换种类来分，可分为细微型、华丽型和动态内容型三种。在"切换"选项卡的"切换到此幻灯片"选项组中即可选择相应的切换效果，如图7-40所示。

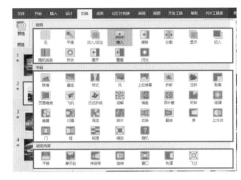

图7-40

（1）细微型

细微型转场效果包含了11种基本效果，例如"淡出""推进""擦除""分割""显示"等。该类型的转场会给人以舒缓、平和的感受，如图7-41所示。

图7-41

（2）华丽型

该类型包含了29种切换效果，例如"跌落""悬挂""溶解""蜂巢""棋盘""翻转""门"等。这些切换效果大多比较富有视觉冲击力，如图7-42所示。

图7-42

（3）动态内容

该类型包含了7种基本效果，例如"平移""摩天轮""传送带""旋转""窗口"等。这些切换效果会对幻灯片中的元素提供动画效果，如图7-43所示。

图7-43

选择封面页，在"切换"选项卡中选择"推入"切换效果。在"计时"选项卡中单击"应用到全部"按钮，即可将当前切换效果批量应用到其他幻灯片中，如图7-44所示。

图7-44

在"切换到此幻灯片"选项组中单击"效果选项"下拉按钮，可对切换方向进行设置，如图7-45所示。

图7-45

在"计时"选项组中，用户可以为当前切换效果添加音效。单击"声音"下拉按钮，在打开的列表中选择所需的音效即可，如图7-46所示。

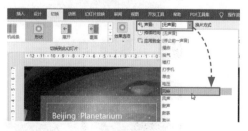

图7-46

拓展练习：制作动态旅行日记

▶扫一扫 看视频◀

　　为了巩固本章所学的知识点，下面将为旅行日记添加相关动画效果。部分页面效果如图7-47所示。

图7-47

Step 01　打开"旅行日记"素材文件，选择第1张幻灯片中的图片，为其添加缩放进入动画，如图7-48所示。

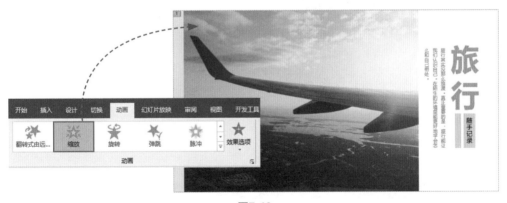

图7-48

Step 02　打开动画窗格，右击该动画项，在快捷菜单中选择"从上一项开始"选项，设置好该动画的播放模式。

Step 03　选择第2张幻灯片，将两张图片添加"飞入"动画，将其运动方向设为"自右侧"。此外，将标题内容添加"飞入"动画，方向为"自左侧"。将文本内容添加"擦除"进入动画，方向为"自顶部"，如图7-49所示。

Step 04 在动画窗格中，分别设置好各动画项的播放模式，如图7-50所示。

图7-49   图7-50

Step 05 选择第3张幻灯片，分别为图片和文字添加相应的动画效果。此外，在动画窗格中设置好各动画项的播放模式，结果如图7-51所示。

图7-51

Step 06 继续设置第4～6张幻灯片的动画效果，并调整好其播放模式。

Step 07 选中封面幻灯片，在"切换"选项卡中，选择缩放切换效果，并单击"应用到全部"按钮，将该效果应用于其他幻灯片中，如图7-52所示。设置完成后，按F5键放映该幻灯片，查看最终动画效果。

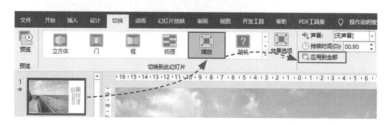

图7-52

工具体验：PPT动画插件——PA口袋动画

口袋动画（Pocket Animation，简称PA）是一个基于PowerPoint的软件插件，主要简化了PPT动画设计过程，完善了PPT动画相关功能。PA动画插件分为两个模式，分别为盒子版和专业版。

盒子版是PPT新手专属工具，一个按键就可以让PPT酷炫起来，如图7-53所示。

图7-53

由于盒子版主要针对新手使用，其操作相对比较简单，大多数操作只需套用各种模板来实现。在"动画盒子（智能）"选项组中，用户可以快速设计片头动画、片尾动画、页面转场等，但大部分功能需要登录或注册会员才能使用，如图7-54所示。

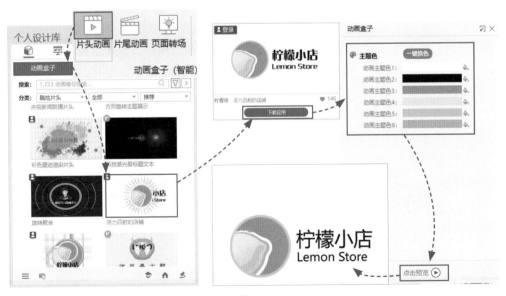

图7-54

在"一键动画（创作）"选项组中，用户可以一键生成快闪动画、抖音动画，如图7-55所示。

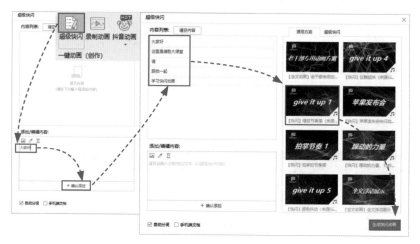

图7-55

专业版是为PPT设计师、爱好者们设计的，高端有内涵，如图7-56所示。

图7-56

专业版的操作难度有所增加，它主要偏向于动画的制作。但在"设计"选项组中，用户可以对图形、文字等进行设计，如图7-57所示。

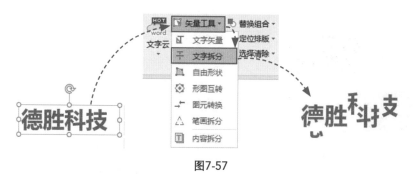

图7-57

第**8**章

交互式PPT的好处

　　在演讲中经常会看到，演讲者点击页面某一个按钮或文字，就可以跳转到相应的页面内容。对于不了解操作的新手们会感到很神奇，而PPT"大神"却习以为常。其实这只是在页面中添加了链接操作而已。一个简单的链接操作，就可以实现页面的交互。

8.1 为电脑教学课件添加链接

教学课件用于辅助教学，提高学生的注意力。下面通过为电脑教学课件添加链接来介绍链接到其他页面、链接到其他应用程序、链接到网页、编辑链接项的操作方法。

8.1.1 添加页面间的链接

用户可以为某个对象添加超链接，以实现页面间的跳转。例如，为目录添加超链接。

选择第2张幻灯片，然后选择目录标题所在的文本框，打开"插入"选项卡，单击"链接"按钮，如图8-1所示。

打开"插入超链接"对话框，在"链接到"选项中选择"本文档中的位置"选项，在"请选择文档中的位置"列表框中选择需要链接到的幻灯片，这里选择"幻灯片3"，单击"确定"按钮，如图8-2所示。

此时，将光标放置链接文本上方时，会显示链接信息，如图8-3所示。按住Ctrl键不放，单击该文本，即可跳转到相关页面，如图8-4所示。

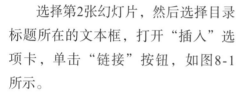

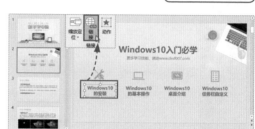

图8-1

图8-2

图8-3

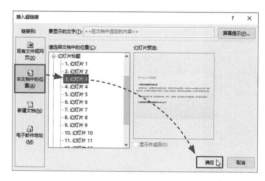

图8-4

经验之谈

用户选择文本所在的文本框，单击鼠标右键，从弹出的快捷菜单中选择"超链接"命令，如图8-5所示，也可以打开"插入超链接"对话框，进行链接操作。

图8-5

此外，如果用户选择文本，如图8-6所示，为其添加超链接后，则被选中的文本颜色发生改变，并在文本下方添加了下划线，如图8-7所示。

图8-6

图8-7

注意事项 链接的对象除了文本外，还可以是图片和形状。如果为图片或形状添加链接，它们是不会发生任何变化的。

8.1.2 链接到其他应用程序

用户可以设置在放映幻灯片时，单击某个对象，跳转到其他应用程序。例如，单击对象后，打开一个Word文件。

选择文本框，打开"插入超链接"对话框，在"链接到"选项中选择"现有文件或网页"选项，并在右侧单击"浏览文件"按钮，如图8-8所示。

图8-8

打开"链接到文件"对话框，从中选择Word文件，单击"确定"按钮，如图8-9所示。此时，按住Ctrl键不放，单击文本，即可打开链接的Word文档，如图8-10所示。

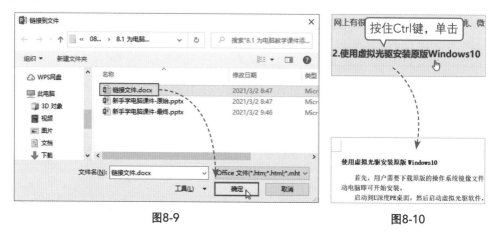

图8-9   图8-10

8.1.3 链接到网页

用户可以将对象链接到网页，以扩大信息范围。选择文本框，打开"插入超链接"对话框，在"链接到"选项中选择"现有文件或网页"选项，在"地址"文本框中输入网址"http://www.dssf007.com/"，单击"确定"按钮，如图8-11所示。

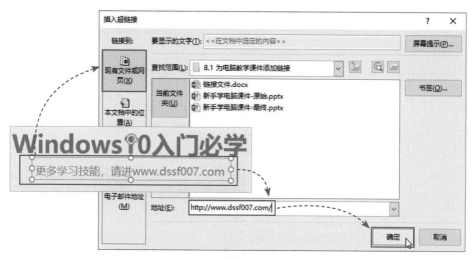

图8-11

此时，选择添加超链接的文本框，单击鼠标右键，从弹出的快捷菜单中选择

"打开链接"命令，即可打开链接的相关网页，如图8-12所示。

图8-12

经验之谈

　　如果用户想要删除添加的超链接，则可以选择添加超链接的对象，单击鼠标右键，从弹出的快捷菜单中选择"删除链接"命令，如图8-13所示。或打开"编辑超链接"对话框，从中单击"删除链接"按钮即可，如图8-14所示。

图8-13　　　　　　　　　　　　　　　　图8-14

8.1.4　编辑链接项

　　为对象添加超链接后，用户可以根据需要对超链接进行编辑。选择添加超链接的对象，单击鼠标右键，从弹出的快捷菜单中选择"编辑链接"命令，如图8-15所示。打开"编辑超链接"对话框，单击"屏幕提示"按钮，打开"设置超链接屏幕提示"对话框，在"屏幕提示文字"文本框中输入提示内容，单击"确定"按钮，如图8-16所示。

图8-15

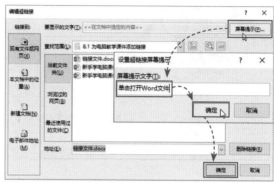

图8-16

此时，按F5键放映幻灯片，用户将鼠标指向添加超链接的对象时，在下方将会出现提示文字，如图8-17所示。

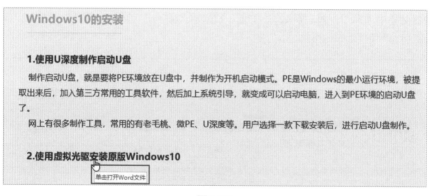

图8-17

为文本添加超链接后，默认的颜色是蓝色，我可以修改超链接的颜色吗？

当然可以，你不仅可以修改超链接的颜色，还可以修改访问超链接后的颜色。

打开"设计"选项卡，在"变体"选项组中单击"其他"下拉按钮，从列表中选择"颜色"选项，并从其级联菜单中选择"自定义颜色"选项，如图8-18所示。

图8-18

打开"新建主题颜色"对话框，单击"超链接"右侧下拉按钮，从列表中选择合适的颜色，如图8-19所示。然后将"已访问的超链接"颜色设置为灰色，单击"保存"按钮，如图8-20所示。

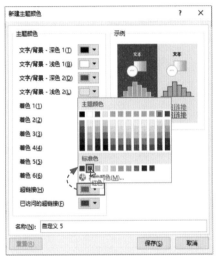

图8-19

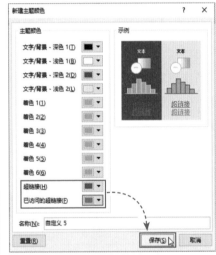

图8-20

此时，为文本添加的超链接颜色由蓝色变成红色，如图8-21所示。访问超链接后，超链接的颜色变成灰色，如图8-22所示。

图8-21

图8-22

8.2 为乐器课件添加链接

制作乐器课件，不仅可以图文并茂地展示各种乐器，还可以给用户带来听觉上的体验。下面通过为乐器课件添加链接来介绍添加动作按钮、设置动作链接参数、为内容添加触发器等操作方法。

8.2.1 添加动作按钮

▶扫一扫 看视频◀

用户可以为幻灯片添加动作按钮，通过单击该按钮，可以快速返回首页或上一页。

选择幻灯片，在"插入"选项卡中单击"形状"下拉按钮，从列表中选择"动作按钮：转到主页"选项，如图8-23所示。鼠标光标变为十字形，按住鼠标左键不放，拖动鼠标，绘制动作按

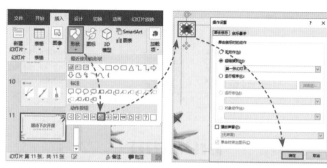

图8-23   图8-24

钮，绘制好后弹出一个"操作设置"对话框，直接单击"确定"按钮，如图8-24所示。

放映幻灯片时，用户单击动作按钮，即可返回第一张幻灯片。

经验之谈

选择绘制的动作按钮，在"绘图工具-格式"选项卡中单击"形状样式"选项组的"其他"下拉按钮，从列表中选择合适的样式，即可快速美化动作按钮，如图8-25所示。

图8-25

我可以使用其他图形或图标作为动作按钮吗？

可以，你需要先插入图形或图标，然后为其设置动作。

选择幻灯片，在"插入"选项卡中单击"图标"按钮，如图8-26所示。打开"插入图标"对话框，在搜索文本框中输入"音乐"，即可搜索出相关图标，选择合适的图标，单击"插入"按钮，如图8-27所示，即可将图标插入幻灯片中。

图8-26

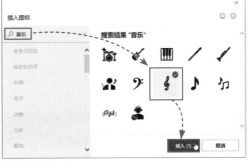

图8-27

经验之谈

选择"音乐"图标，在"图形工具-格式"选项卡中单击"图形填充"下拉按钮，从列表中选择合适的颜色，即可更改图标的颜色，如图8-28所示。

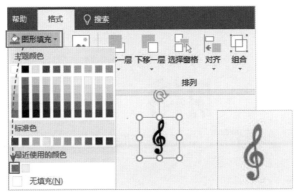

图8-28

选择"音乐"图标，在"插入"选项卡中单击"动作"按钮，打开"操作设置"对话框，在"单击鼠标"选项卡中选择"超链接到"单选按钮，单击其下方的下拉按钮，从列表中选择"幻灯片…"选项，如图8-29所示。打开"超链接到幻灯片"对话框，从中选择需要链接到的幻灯片，这里选择"幻灯片2"，单击"确定"按钮，如图8-30所示。

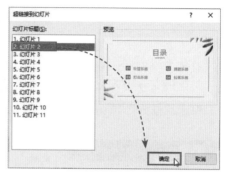

图8-29　　　　　　　　　　图8-30

放映幻灯片时，用户单击"音乐"图标，即可跳转到第2张幻灯片。

8.2.2　设置动作链接参数

用户添加动作按钮后，可以根据需要设置动作链接的参数，例如，为动作添加声音。选择动作按钮，单击鼠标右键，从弹出的快捷菜单中选择"编辑链接"命令，如图8-31所示。打开"操作设置"对话框，在"单击鼠标"选项卡中勾选"播放声音"复选框，并单击其下拉按钮，从列表中选择合适的声音即可，如图8-32所示。

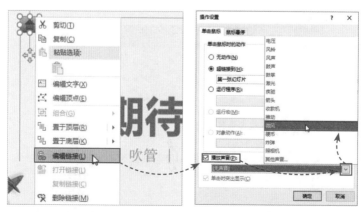

图8-31　　　　　　　　　　图8-32

8.2.3　为内容添加触发器

如果用户想要在单击某个图片或文字时开始播放音乐，则可以为内容添加触发器。

首先在幻灯片中插入一个"唢呐"音频，并将其移至幻灯片页面外，如图8-33所示。

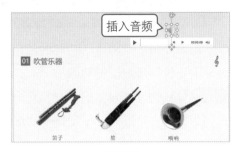

图8-33

打开"动画"选项卡，单击"触发"下拉按钮，从列表中选择"通过单击"选项，并从其级联菜单中选择"唢呐图片"选项，如图8-34所示。此时，放映幻灯片时，单击"唢呐图片"，如图8-35所示，即可播放"唢呐"音频。

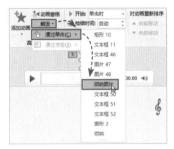

图8-34

图8-35

经验之谈

为了方便为内容添加触发器，可以将图片重新命名。选择图片，在"开始"选项卡中单击"选择"下拉按钮，从列表中选择"选择窗格"选项，弹出"选择"窗格，在需要重命名的名称上双击，重新输入名称，如图8-36所示。输入好后按Enter键确认即可。

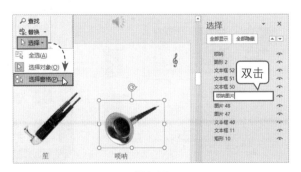

图8-36

拓展练习：为垃圾分类宣传稿添加触发动画

前面介绍了"触发"功能的使用。下面将运用所学知识为垃圾分类宣传稿添加触发动画。

Step 01 选择第4张幻灯片，打开"选择"窗格，将幻灯片中的4张图片，重新命名为"有害垃圾""干垃圾""湿垃圾""可回收物"，如图8-37所示。

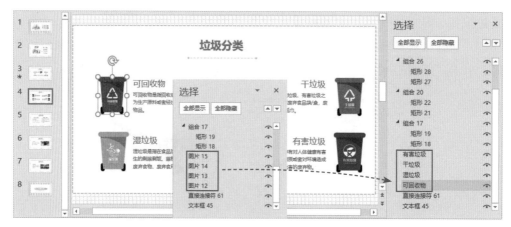

图8-37

Step 02 打开"插入"选项卡，单击"图片"按钮，打开"插入图片"对话框，选择所有的图片，单击"插入"按钮，如图8-38所示。

Step 03 将4张图片插入幻灯片中后，在"选择"窗格中为其重新命名，如图8-39所示。

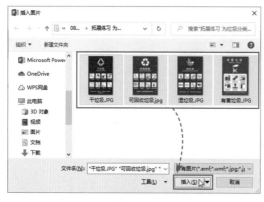

图8-38

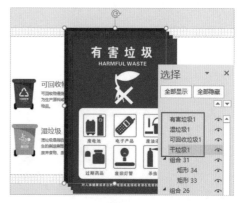

图8-39

Step 04　通过"选择"窗格选择4张图片，在"图片工具-格式"选项卡中单击"对齐"下拉按钮，从列表中选择"水平居中"和"顶端对齐"选项，将4张图片重叠在一起。然后将图片调整为合适的大小，如图8-40所示。

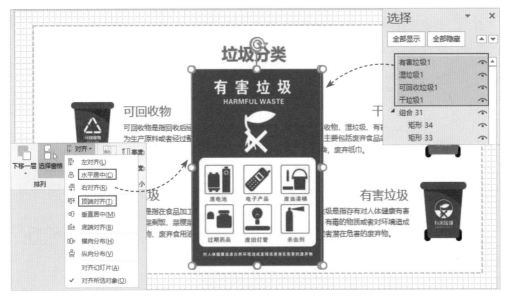

图8-40

Step 05　在"选择"窗格中选择"有害垃圾1"图片，并在"动画"选项卡中为其添加"缩放"动画，如图8-41所示。

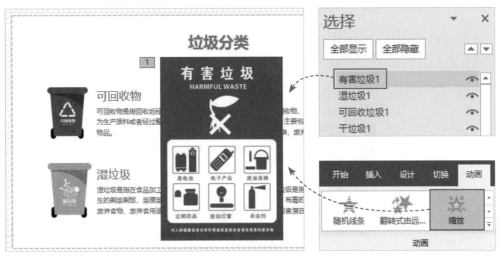

图8-41

Step 06 在"动画"选项卡中单击"触发"下拉按钮，从列表中选择"通过单击"选项，并从其级联菜单中选择"有害垃圾"选项，如图8-42所示。设置通过单击"有害垃圾"图片缩放出现"有害垃圾1"图片。

Step 07 在"高级动画"选项组中单击"添加动画"下拉按钮，从列表中选择"消失"动画效果，为"有害垃圾1"图片添加一个退出动画。然后单击"触发"下拉按钮，设置通过单击"有害垃圾"图片让"有害垃圾1"图片消失，如图8-43所示。

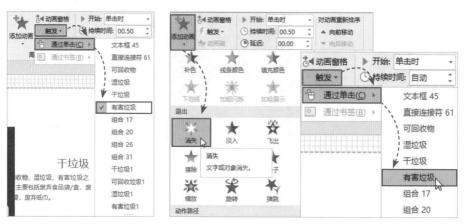

图8-42　　　　　　　　　　　图8-43

Step 08 按照上述方法，为其他3张图片添加触发动画。按Shift+F5组合键，放映当前幻灯片，单击"有害垃圾"图片，即可出现相关图片，如图8-44所示。再次单击"有害垃圾"图片，出现的图片即可消失。

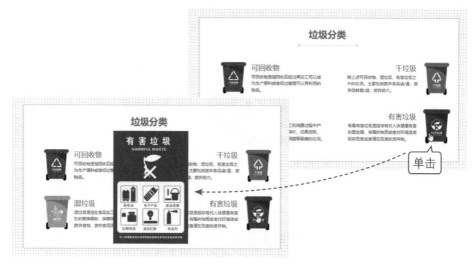

图8-44

工具体验：Focusky动画演绎大师

Focusky动画演示大师（简称"FS软件"）是一款新型的演示文稿制作软件，通过对幻灯片进行缩放、旋转、移动等动作，使用户的幻灯片变得更加有趣。FS软件最明显的优点就是可以做出3D效果，提供大量在线模板，以便用户能迅速开始制作多媒体演示文稿，以及进行各种格式的输出。

打开FS软件后，在打开的界面中可以下载各种模板类型，也可以导入PPT新建项目，如图8-45所示。

图8-45

在Focusky主界面中，用户可以对幻灯片进行编辑，例如，插入并修改文本、插入并编辑图片、插入并编辑图形、插入视频/音乐、设置幻灯片背景、为幻灯片中的内容添加动画效果等，如图8-46所示。

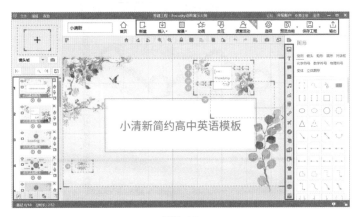

图8-46

在Focusky导出界面，用户可以将文件输出为视频、HTML5网页、Windows应用程序（.exe）、压缩文件（.zip）、PDF格式等，如图8-47所示。

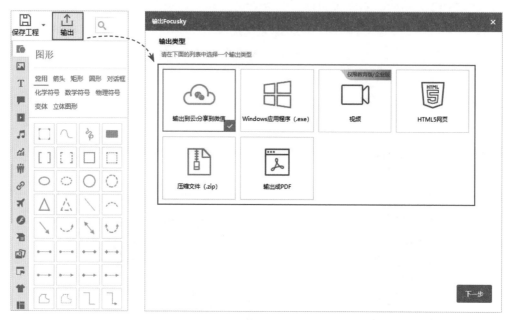

图8-47

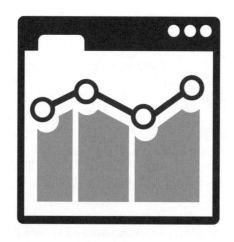

第9章

PPT的完美
呈现

制作PPT的最终目的是呈现给观众，这就需要谈谈放映技巧了。有的人可能会说，这有什么可谈的，不就是点击一个按钮的事。那么，你知道怎么让幻灯片按照指定的时间放映吗？你知道如何放映指定的幻灯片吗？你知道放映幻灯片时如何标记重点内容吗？本章会一一给出解答。

9.1 放映成都印象宣传PPT

　　PPT放映的方法有很多种，下面将以放映成都印象宣传PPT为例，介绍如何从头开始放映、从指定位置开始放映、自定义幻灯片放映、设置排练计时等。

9.1.1　PPT的放映类型

图9-1

幻灯片放映类型主要包括：演讲者放映（全屏幕）、观众自行浏览（窗口）和在展台浏览（全屏幕）。用户在"幻灯片放映"选项卡中单击"设置幻灯片放映"按钮，在打开的"设置放映方式"对话框中可以根据需要选择合适的放映类型，如图9-1所示。

（1）演讲者放映（全屏幕）

　　以全屏幕方式放映演示文稿，演讲者对演示文稿有着完全的控制权，可以采用不同放映方式也可以暂停或录制旁白，如图9-2所示。

（2）观众自行浏览（窗口）

　　以窗口形式运行演示文稿，只允许观众对演示文稿进行简单的控制，包括切换幻灯片、上下滚动等，如图9-3所示。

（3）在展台浏览（全屏幕）

　　不需要专人控制即可自动放映演示文稿，不能单击鼠标手动放映幻灯片，但可以通过动作按钮、超链接进行切换，如图9-4所示。

图9-2

图9-3

图9-4

9.1.2　从头开始放映

从头开始放映也就是从第一张幻灯片开始放映。用户只需要在"幻灯片放映"选项卡中单击"从头开始"按钮，或按F5键，如图9-5所示，即可从头开始放映。

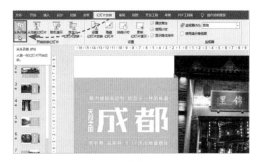

图9-5

9.1.3　从指定位置开始放映

如果用户想要从指定位置开始放映，例如，从第7张幻灯片开始放映，则选择第7张幻灯片，单击"从当前幻灯片开始"按钮，或按Shift+F5组合键，即可从第7张幻灯片开始放映，如图9-6所示。

图9-6

经验之谈

选择幻灯片，在幻灯片下方的状态栏中单击"幻灯片放映"按钮，如图9-7所示，可以从选择的幻灯片开始放映。

图9-7

9.1.4　自定义幻灯片放映

如果用户想要放映演示文稿内指定的几张幻灯片，例如放映第10～13张幻灯片，则可以设置自定义幻灯片放映。

在"幻灯片放映"选项卡中单击"自定义幻灯片放映"下拉按钮，从列表中选择"自定义放映"选项，如图9-8所示。打开"自定义放映"对话框，从中单击"新建"按钮，如图9-9所示。

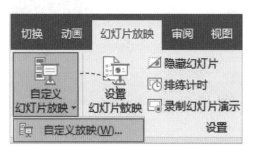

图9-8

图9-9

打开"定义自定义放映"对话框，在"幻灯片放映名称"文本框中输入名称，然后在"在演示文稿中的幻灯片"列表框中勾选需要放映的幻灯片，这里勾选"幻灯片10""幻灯片11""幻灯片12""幻灯片13"，单击"添加"按钮，将其添加到"在自定义放映中的幻灯片"列表框中，单击"确定"按钮，如图9-10所示。

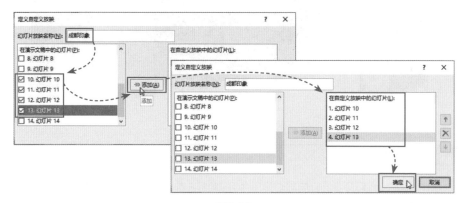

图9-10

返回到"自定义放映"对话框，在"自定义放映"列表框中显示设置的幻灯片放映名称，单击"放映"按钮，如图9-11所示，即可放映第10～13张幻灯片。或者在"幻灯片放映"选项卡中单击"自定义幻灯片放映"下拉按钮，从列表中选择"成都印象"选项，如图9-12所示。

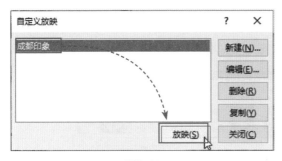

图9-11

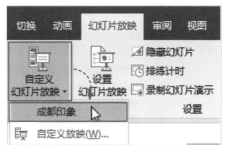

图9-12

> **经验之谈**
>
> 当用户想要删除设置的自定义放映时，需要打开"自定义放映"对话框，在"自定义放映"列表框中选择幻灯片放映名称，单击"删除"按钮即可。

9.1.5 设置排练计时

为了很好地控制放映节奏，可以为幻灯片设置排练计时，记录每张幻灯片放映所使用的时间。

在"幻灯片放映"选项卡中单击"排练计时"按钮，如图9-13所示，自动进入放映模式。幻灯片左上角会出现"录制"工具栏，中间时间代表当前幻灯片放映所需时间，右边时间代表放映所有幻灯片累计所需时间，如图9-14所示。

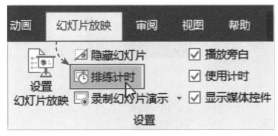

图9-13

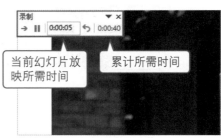

图9-14

用户根据实际需要设置每张幻灯片的播放时间，设置好后会弹出一个提示对话框，单击"是"按钮，如图9-15所示，即可保留幻灯片排练时间。

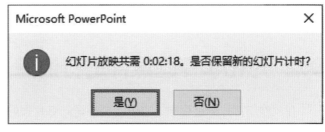

图9-15

用户在"视图"选项卡中单击"幻灯片浏览"按钮，在每张幻灯片的下方，可以看到幻灯片放映所需时间，如图9-16所示。

图9-16

> **经验之谈**
>
> 如果用户想要删除排练计时，则需要打开"切换"选项卡，在"计时"选项组中取消勾选"设置自动换片时间"复选框，并单击"应用到全部"按钮即可，如图9-17所示。

图9-17

9.2 对化学专题课件进行讲解

在放映幻灯片的过程中，有时需要标记幻灯片中的重点内容，下面将以对化学专题课件进行讲解为例，介绍如何使用墨迹功能讲解、模拟黑板功能、录制旁白等。

9.2.1 使用墨迹功能讲解

放映幻灯片时，如果需要对重点内容进行标记，则可以使用"笔"或"荧光笔"墨迹功能进行标记。

按F5键放映幻灯片后，在幻灯片页面单击鼠标右键，从弹出的列表中选择"指针选项"命令，并从其级联菜单中选择合适的选项，这里选择"荧光笔"命令，如图9-18所示。

图9-18

按住鼠标左键不放，拖动鼠标，对重点内容进行标记，如图9-19所示。标记完成后按Esc键退出墨迹状态。当幻灯片放映结束后会弹出一个对话框，询问用户是否保留墨迹注释，单击"保留"按钮，则保留墨迹注释，单击"放弃"按钮，则清除墨迹注释，如图9-20所示。

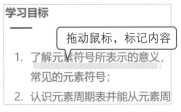

图9-19

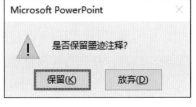

图9-20

此外，如果用户在列表中选择"指针选项"命令，并从其级联菜单中选择"笔"命令，如图9-21所示。可以使用红色直线标记重点内容，如图9-22所示。

图9-21

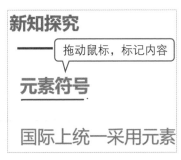

图9-22

> 经验之谈
>
> 　　如果用户想要更改"笔"的颜色，则可以打开"设置放映方式"对话框，在"放映选项"中，可以设置"绘图笔颜色"和"激光笔颜色"，如图9-23所示。或者在"指针选项"列表中选择"墨迹颜色"命令，然后从级联菜单中选择需要的颜色即可，如图9-24所示。

图9-23　　　　　　　　　　　　　　　　图9-24

9.2.2　模拟黑板功能

　　在放映幻灯片的过程中，用户可以将幻灯片设置成"黑屏"来模拟黑板功能。

　　按F5键放映幻灯片，在幻灯片页面单击鼠标右键，从弹出的列表中选择"指针选项"命令，并选择"笔"选项，如图9-25所示。再次单击鼠标右键，从列表中选择"屏幕"选项，并从其级联菜单中选择"黑屏"，如图9-26所示。

　　此时，幻灯片页面全部变成黑色，用户可以使用"笔"，在屏幕上书写相关文字，如图9-27所示。书写完成后按Esc键退出黑屏状态即可。

图9-25　　　　　　　　图9-26　　　　　　　　图9-27

　　放映幻灯片时，鼠标指针不会一直显示在幻灯片页面，用户可以通过设置，让指针一直显示。在幻灯片页面单击鼠标右键，从列表中选择"指针选项"命令，并从其级联菜单中选择"箭头选项"命令，然后选择"可见"选项即可，如图9-28所示。

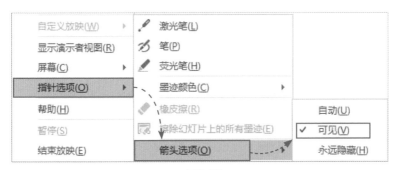

图9-28

9.2.3　录制旁白

　　用户可以为幻灯片录制旁白，这样在放映幻灯片时能够进行自动解说。选择需要添加旁白的幻灯片，在"幻灯片放映"选项卡中单击"录制幻灯片演示"下拉按钮，从列表中选择"从当前幻灯片开始录制"选项，如图9-29所示。

图9-29

　　进入录制界面，单击"录制"按钮，倒计时3秒后开始录制，如图9-30所示。在录制过程中，用户可以根据需要为幻灯片添加备注或标记。在录制界面中单击"下一页"按钮或"上一页"按钮可以切换幻灯片。录制完成后单击"停止"按钮，结束录制。

图9-30

录制旁白时，录制界面右下角的"麦克风"图标应该是可操作状态 🎤，否则只能录制动作，而不能录制声音。

系统会将录制的旁白插入当前幻灯片中，如图9-31所示。放映幻灯片时，将自动播放旁白。

经验之谈

如果用户想要删除录制的旁白，则在"幻灯片放映"选项卡中单击"录制幻灯片演示"下拉按钮，从列表中选择"清除"选项，并从其级联菜单中根据需要进行选择即可，如图9-32所示。

图9-31   图9-32

9.3 输出个人简介PPT

为了使用户在没有安装PPT的计算机上正常浏览演示文稿，可以将PPT输出为其他格式。下面以输出个人简介PPT为例，介绍如何打包演示文稿、输出为其他格式、打印PPT等。

9.3.1 打包演示文稿

为了使演示文稿能够随时正常放映，可以将其进行打包设置。单击"文件"按钮，在弹出的界面中选择"导出"选项，在"导出"界面中选择"将演示文稿打包成CD"选项，并在右侧单击"打包成CD"

▶扫一扫 看视频◀

按钮，如图9-33所示。打开"打包成CD"对话框，单击"复制到文件夹"按钮，在"复制到文件夹"对话框中单击"浏览"按钮，指定复制到的新位置，单击"确定"按钮，如图9-34所示。

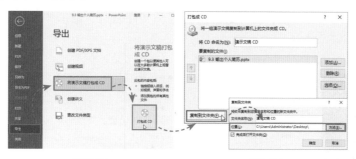

图9-33　　　　　　　　　　图9-34

弹出一个提示对话框，询问是否要在包中包含链接文件，单击"是"按钮，如图9-35所示。

图9-35

随后系统会自动打开打包的文件夹，当前PPT中的所有素材都保存在内，如图9-36所示。

图9-36

9.3.2　输出为其他格式

PPT默认的保存格式为"*.pptx"，用户可以根据需要将演示文稿输出为其他格式。

（1）输出为PDF

单击"文件"按钮，选择"导出"选项，在"导出"界面中选择"创建PDF/XPS文档"选项，并在右侧单击"创建PDF/XPS"按钮，如图9-37所示。打开"发布为PDF或XPS"对话框，设置好保存位置和文件名后，单击"发布"按钮即可，如图9-38所示。

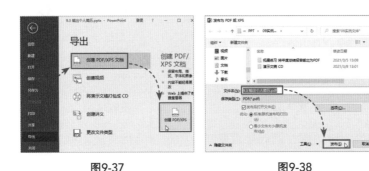

图9-37　　　　　　　　　　图9-38

稍后，系统会自动打开PDF格式的个人简历，如图9-39所示。

图9-39

（2）输出为图片

单击"文件"按钮，选择"另存为"选项，在"另存为"界面中单击"浏览"按钮，如图9-40所示。打开"另存为"对话框，选择保存位置后，单击"保存类型"下拉按钮，从列表中选择"JPEG文件交换格式"选项，单击"保存"按钮，如图9-41所示。

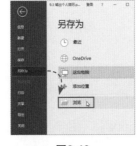

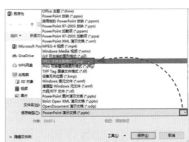

图9-40　　　　　　　　　　图9-41

经验之谈

在"保存类型"列表中有8种图片类型的选项，包括"GIF可交换的图形格式""JPEG文件交换格式""PNG可移植网络图形格式""TIFF Tag图像文件格式""设备无关位图""Windows图元文件""增强型Windows元文件""PowerPoint图片演示文稿"。其中，最常用的图片类型为JPEG格式和PNG格式。

弹出一个对话框，用户可以根据需要选择导出所有幻灯片或仅当前幻灯片，即可将演示文稿输出为图片格式，如图9-42所示。

图9-42

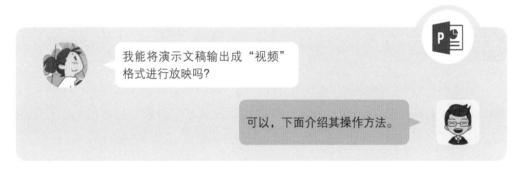

单击"文件"按钮，选择"导出"选项，在"导出"界面选择"创建视频"选项，然后在右侧设置"放映每张幻灯片的秒数"，单击"创建视频"按钮，如图9-43所示。打开"另存为"对话框，设置保存位置和文件名，单击"保存"按钮，如图9-44所示。

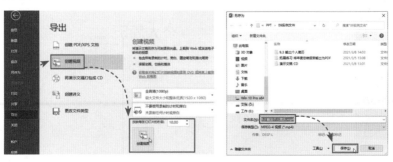

图9-43　　　　　　　　　　图9-44

　　稍等片刻即可将演示文稿输出为视频格式，双击保存的视频文件，即可播放演示文稿，如图9-45所示。

图9-45

9.3.3 打印PPT

　　如果用户想要将PPT输出成书面文件，则可以将其打印出来。单击"文件"按钮，选择"打印"选项，在"打印"界面可以设置打印份数、打印范围、打印版式、打印颜色等，最后单击"打印"按钮进行打印即可，如图9-46所示。

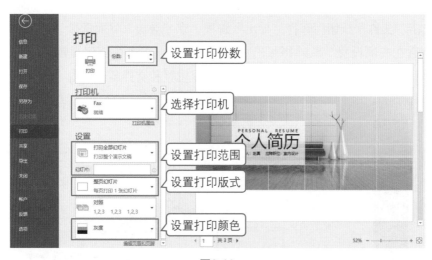

图9-46

拓展练习：将年度总结报告输出为放映模式

将年度总结报告输出为放映模式后，用户双击PPT文件，可以直接进入放映模式，如图9-47所示。

图9-47

Step 01 打开"年度总结报告"演示文稿，单击"文件"按钮，选择"另存为"选项，并在右侧单击"浏览"按钮，如图9-48所示。

Step 02 打开"另存为"对话框，设置保存位置和文件名，并单击"保存类型"下拉按钮，从列表中选择"PowerPoint放映"选项，单击"保存"按钮即可，如图9-49所示。

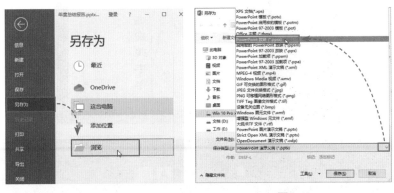

图9-48　　　　　　　　　　图9-49

工具体验：实现PPT 3D效果的神器——演翼 PPT播放器

　　演翼是一款非常好用的3D PPT制作软件，它颠覆传统的PPT播放方式，让PPT的演示像好莱坞大片一般，在视觉上帮助PPT页面过渡更酷炫，更吸引观众的眼球。用户可以随心挑选自己满意的3D主题场景，用手机就可以连接PPT文件，自由操控，真正实现走动式演讲。

　　用户打开"演翼"软件，在主界面的"开始"选项卡中，可以添加3D主题场景幻灯片，如图9-50所示，或者打开制作好的PPT文件。

图9-50

　　在"插入"选项卡中，用户可以在幻灯片中插入"文本""图片""音频""视频""形状""图表""表格""3D文字云"等，并在"格式"选项卡中进行相关设置，如图9-51所示。

图9-51

在"动画"选项卡中，用户可以为幻灯片中的元素添加动画效果，如图9-52所示。

图9-52

在"切换"选项卡中，用户可以为幻灯片添加切换效果，如图9-53所示。

图9-53

在"放映"选项卡中，用户可以选择放映方式，如图9-54所示。单击界面上方的"保存"按钮，可以将制作好的演示文稿保存到指定位置。

图9-54

第10章

PPT与其他软件的协作

工作中会使用PPT做汇报，生活中会用PPT制作旅游相册、公益宣传稿等，可以说PPT涉及了各个领域。PPT除了能够发挥其自身的优势外，还可以和其他软件相互协作，发挥更强大的功能。

10.1 毕业答辩PPT与Word、Excel的协作

用户可以将PPT与Word、Excel协作应用，以达到想要的效果。下面以制作毕业答辩PPT为例来介绍如何将Word文档转换为PPT、在PPT中插入Excel图表、将Excel数据导入PPT中。

10.1.1 将Word文档转换为PPT

▶扫一扫 看视频◀

Word文档制作完成后，用户只需单击一个按钮，就可以将Word文档转换成PPT。首先用户需要将该按钮添加至自定义快速访问工具栏。

打开Word文档，单击"文件"按钮，选择"选项"选项，打开"Word选项"对话框，选择"快速访问工具栏"选项，在"从下列位置选择命令"列表中选择"不在功能区中的命令"选项，并在下方的列表框中选择"发送到Microsoft PowerPoint"选项，单击"添加"按钮，将其添加至"自定义快速访问工具栏"列表框中，单击"确定"按钮，如图10-1所示。

图10-1

此时，Word自定义快速访问工具栏中出现 按钮，该按钮就是"发送到Microsoft PowerPoint"按钮，用户只需要单击该按钮，即可将当前Word文档转换成PPT演示文稿，如图10-2所示。转换后的PPT演示文稿呈被保护状态，如果用户想要编辑PPT，则需要单击"启用编辑"按钮。

图10-2

我将Word文档转换成PPT后，为什么所有内容都显示在一张幻灯片中？

因为系统按照1级标题进行分页，所以你需要设置大纲级别。

在"视图"选项卡中单击"大纲"按钮，如图10-3所示。进入大纲视图，在"大纲显示"选项卡中为各标题设置大纲级别即可，如图10-4所示。

图10-3　　　　　　　　　　　图10-4

10.1.2　在PPT中插入Excel图表

如果需要在PPT中插入图表，用户可以选择将Excel中的图表导入PPT中，或者直接在PPT中创建图表。

（1）将Excel图表导入PPT

打开Excel工作表，选择图表，按Ctrl+C组合键进行复制，如图10-5所示。然后打开PPT，在"开始"选项卡中单击"粘贴"下拉按钮，从列表中选择"选择性粘贴"选项，如图10-6所示。

▶扫一扫　看视频◀

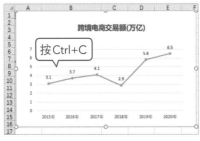

图10-5　　　　　　　　　　　图10-6

打开"选择性粘贴"对话框，从中选择"粘贴链接"单选按钮，并在"作为"列表框中选择"Microsoft Excel图表 对象"选项，单击"确定"按钮，即可将Excel中的图表导入PPT中，如图10-7所示。

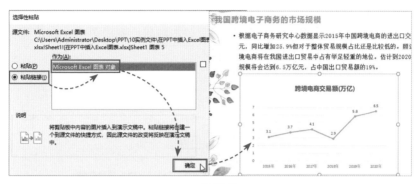

图10-7

（2）在PPT中创建图表

选择幻灯片，在"插入"选项卡中单击"图表"按钮，如图10-8所示。打开"插入图表"对话框，从中选择合适的图表类型，单击"确定"按钮，如图10-9所示。

 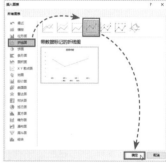

图10-8　　　　　　　图10-9

在幻灯片中插入一个图表，并弹出一个Excel工作表，在表格中输入图表的源数据，并删除不需要的系列，如图10-10所示。最后单击"关闭"按钮即可。

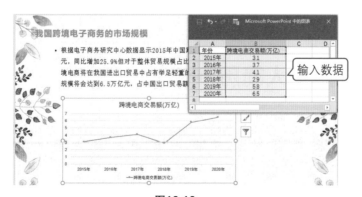

图10-10

10.1.3 将Excel数据导入PPT中

有时需要将Excel中的数据显示在PPT中，用户可以将数据导入PPT。

选择幻灯片，在"插入"选项卡中单击"对象"按钮，如图10-11所示。打开"插入对象"对话框，选择"由文件创建"单选按钮，然后单击"浏览"按钮，如图10-12所示。

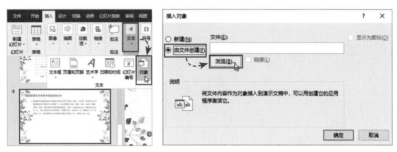

图10-11   图10-12

打开"浏览"对话框，从中选择Excel工作表，单击"确定"按钮，即可将所选的Excel表格导入PPT中，如图10-13所示。

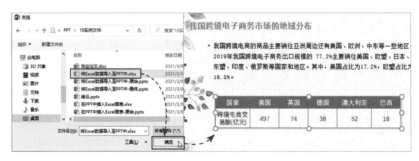

图10-13

10.2 共享个人简历PPT

将演示文稿上传至腾讯文档，这样可以邀请他人一起协作，编辑并修改PPT。下面以共享个人简历PPT为例，介绍如何利用腾讯文档导入PPT、实时共享并编辑PPT、导出并下载共享PPT等。

10.2.1 利用腾讯文档导入PPT

用户需要打开QQ界面，在界面下方单击"腾讯文档"按钮，如图10-14所示。即可打开一个"腾讯文档"网页，从中单击"导入本地文件"按钮，如图10-15所示。

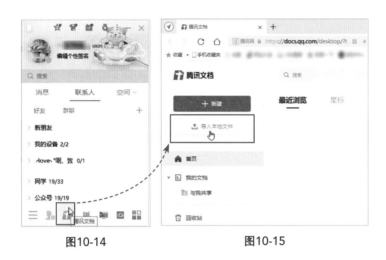

图10-14   图10-15

打开"打开"对话框，从中选择"个人简历"PPT，单击"打开"按钮，即可将PPT上传至腾讯文档，用户在"我的文档"选项中可以查看上传的个人简历，如图10-16所示。

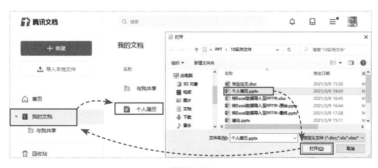

图10-16

10.2.2 实时共享并编辑PPT

将个人简历上传到腾讯文档后，用户可以和他人实时共享，共同查看或编辑PPT。在"我的文档"选项中单击"个人简历"，打开PPT，在界面上方单击"邀请他人一起协作"图标 &+，弹出一个面板，将"文档权限"设置为"指定人"，如图10-17所示，即仅指定的人可查看/编辑文档。

图10-17

弹出一个"选择协作人"面板，从中邀请QQ好友或微信好友进行协作，单击"确定"按钮，如图10-18所示。被邀请人即可收到一个邀请链接，如图10-19所示。

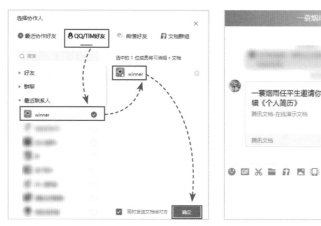

图10-18   图10-19

单击该链接，即可打开"个人简历"PPT，用户可以对幻灯片中的内容进行修改，或者通过界面上方的命令对PPT进行编辑操作，例如插入文本框、插入形状、插入图片、插入表格、设置幻灯片背景、添加动画等，如图10-20所示。

経验之谈

如果一方对幻灯片内容进行修改，则另一方幻灯片中的内容也会实时更改。

图10-20

10.2.3 导出并下载共享PPT

对个人简历实时共享并编辑完成后，用户可以将其导出下载下来。在界面上方单击"文档操作"按钮，从列表中选择"导出为"选项，并从其级联菜单中选择"本地PPT文档"选项，打开"新建下载任务"对话框，设置下载到的位置后，单击"下载"按钮即可，如图10-21所示。

图10-21

拓展练习：将工作总结Word文档导入PPT

在Word文档中编写好工作总结后，如果想要呈现在PPT中，用户可以选择将工作总结导入PPT。

Step 01 选择幻灯片，在"插入"选项卡中单击"对象"按钮，如图10-22所示。

Step 02 打开"插入对象"对话框，选择"由文件创建"单选按钮，并单击"浏览"按钮，如图10-23所示。

图10-22

图10-23

Step 03 打开"浏览"对话框，从中选择"工作总结"Word文档，单击"确定"按钮，返回"插入对象"对话框，直接单击"确定"按钮，即可将工作总结Word文档导入PPT中，如图10-24所示。

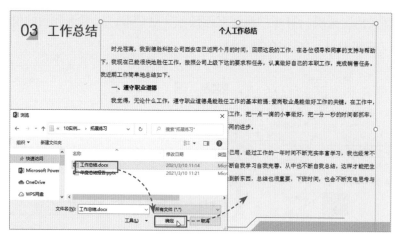

图10-24

Step 04 如果要对文档内容进行编辑，只需在文档上方双击鼠标，即可进入编辑状态。

工具体验：PPT综合优化插件——iSlide设计工具

iSlide是一款基于PPT的插件工具，包含38个设计辅助功能、8大在线资源库的超30万专业PPT模板/素材。iSlide设计工具提供强大的各类对齐排版功能、快速检索一键插入PPT文档、各类图标/图片/插图可原位置编辑替换。iSlide将全球知名公司的色彩搭配方案共享上传，用户可以在"色彩库"中浏览并一键应用于当前的PPT文档，即便不懂设计，也能呈现专业。

用户安装iSlide插件后，在PPT中会多出一个"iSlide"选项卡，在该选项卡中包含各种功能，如图10-25所示。

图10-25

在"一键优化"列表中，用户可以快速统一字体、段落、主题色彩、设置参考线，如图10-26所示。

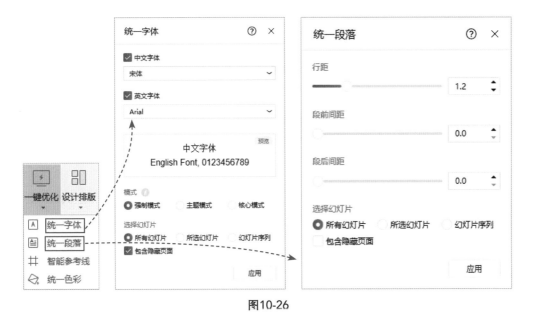

图10-26

在"设计排版"列表中，用户可以对形状或图片进行矩阵布局、矩阵裁剪、环形布局、环形裁剪，还可以将图片按比例进行裁剪、增删水印等，如图10-27所示。

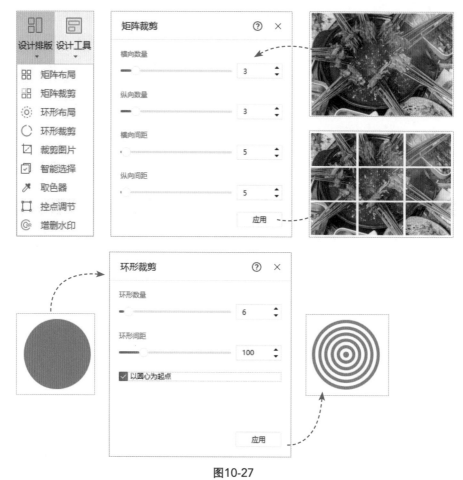

图10-27

在"导出"列表中，用户可以将PPT另存为全图PPT、导出图片、导出视频、导出字体等，如图10-28所示。

图10-28

附录

附录A｜常见问题及解决方法汇总

对于新手来说，刚开始接触PPT时，肯定会遇到这样或那样的问题。下面笔者将归纳一些操作中常见的疑难问题及解决方法，以解燃眉之急。

Q1：想要隐藏页面中的备注栏，该怎么操作？

A： 备注栏默认是显示的，如果想要将其隐藏，可以在"视图"选项卡的"显示"选项组中单击"备注"按钮，关闭该功能即可。

Q2：如何选择大纲视图模式？

A： 在"视图"选项卡中单击"演示文稿视图"选项组中的"大纲视图"按钮，即可切换到大纲视图模式。

Q3：如何取消应用的内置主题？

A： 要取消PPT主题，只需在"设计"选项卡的"主题"选项组中单击"其他"按钮，在其列表中选择"Office主题"选项即可。

Q4：在幻灯片中怎么批量添加水印？

A： 先切换到幻灯片母版视图界面，然后选中第1张母版页，在该页面中插入水印内容，关闭该视图，返回到普通视图界面。此时就可以看到所有幻灯片中已加入水印内容。

Q5：如何将高版本PPT保存成低版本？

A： 在保存时，将"保存类型"设置为"PowerPoint 97-2003演示文稿"即可。目前PPT 2016与PPT 2019是通用的。

Q6：不小心将功能区隐藏了，该如何恢复？

A： 在标题栏中，单击"功能区显示选项"按钮，在打开的列表中选择"显示选项卡和命令"选项即可恢复。

Q7：如何将横排文字改成竖排文字？

A： 选中横排文本框，在"开始"选项卡中单击"文字方向"下拉按钮，从列表中选择"竖排"选项，然后调整一下文本框的大小即可。

Q8：在PPT中可以使用格式刷吗？

A：可以。其用法与Word、Excel软件相同。单击格式刷，可以复制一次格式，双击格式刷可以复制多次格式。

Q9：在PPT中可以为段落分栏显示吗？

A：当然可以。选中所需段落文本框，在"开始"选项卡中单击"分栏"下拉按钮，从列表中选择"更多栏"选项，在打开的对话框中，设置好分栏数量和间隔距离，单击"确定"按钮即可。

Q10：首字母大小写该如何切换？

A：选中所需字母，在"开始"选项卡的"字体"选项组中单击"更改大小写"按钮，在打开的下拉列表中，根据需要选择相应的选项即可。

Q11：图片版式功能是灰色，不能用，怎么办？

A：图片版式功能主要是针对多张图进行排版。如果只选择一张图，是无法启动该功能的。选择多张需排列的图片后即可启动该项命令。

Q12：如何让多个对象进行对齐排列？

A：选中多个对象，在"绘图工具-格式"选项卡中单击"对齐"下拉按钮，在列表中选择所需的对齐方式即可。

Q13：能在PPT表格中进行数据运算吗？

A：利用Excel电子表格功能插入的表格是可以进行数据计算的，双击所需表格，系统会进入Excel编辑窗口，在此可以进行计算。

Q14：如何隐藏重叠的表格？

A：在"开始"选项卡中单击"排列"下拉按钮，从列表中选择"选择窗格"选项，打开选择窗格。在该窗格中选择要隐藏的表格名称，单击该名称右侧图标，即可隐藏该表格。

Q15：录制音频功能不可以用，怎么办？

A：在使用"录制音频"功能前，一定要确保麦克风正确连接。

Q16：做触发动画时，为什么"触发"按钮不能用？

A：在为对象添加触发动画时，先要为该对象添加一个进入动画效果，然后再启用"触发"按钮，添加触发器就可以了。

Q17：能不能一键取消所有幻灯片的切换动画呢？

A：在"切换"选项卡的切换效果列表中选择"无"选项，然后单击"计时"选项组中的"应用到全部"按钮即可取消所有幻灯片的切换效果。

Q18：在动画列表中没有回旋动画，怎么操作？

A：一般动画列表中存放的是一些常用的动画效果，如果没有找到合适的，可以在该列表中选择"更多进入效果""更多强调效果"等选项，在打开的"更改进入效果"对话框中选择即可。

Q19：如何删除动画效果？

A：在动画窗格中选择所有动画项，按Delete键即可删除。

Q20：在放映幻灯片时，如何能够快速定位到某页幻灯片？

A：利用"查看所有幻灯片"功能来操作。在放映时，单击鼠标右键，选择"查看所有幻灯片"选项，系统随即跳转到幻灯片浏览视图页面，在此选择要定位的幻灯片即可。

Q21：选择图形以后，"链接"按钮不能用，怎么办？

A：一般组合图形是无法进行链接的。如果选择的是组合图形，那么就先将图形取消组合，再进行链接设置操作。

Q22：如何取消自动放映幻灯片的操作？

A：在"幻灯片放映"选项卡中取消勾选"使用计时"复选框，即可禁用排练计时功能。再查看一下在"切换"选项卡中是否勾选"设置自动换片时间"复选框，如果是，那么取消勾选便可。

Q23：如何能够快速合并多个PPT文件？

A：在"开始"选项卡中单击"新建幻灯片"下拉按钮，从中选择"重用幻灯片"选项，在打开的同名窗格中单击"浏览"按钮，打开相应的对话框，从中选择要合并的PPT文件，单击"打开"按钮，此时PPT文件将加载至窗格中，在此选择所需的幻灯片即可。

附录B｜PPT常用快捷键汇总

功能键

按键	功能描述
F1	获取帮助文件
F2	在图形和图形内文本间切换
F4	重复最后一次操作
F5	从头开始运行演示文稿
F7	执行拼写检查操作
F12	执行"另存为"命令

Ctrl组合功能键

组合键	功能描述	组合键	功能描述
Ctrl+A	选择全部对象或幻灯片	Ctrl+B	应用（解除）文本加粗
Ctrl+C	执行复制操作	Ctrl+D	生成对象或幻灯片的副本
Ctrl+E	段落居中对齐	Ctrl+F	打开"查找"对话框
Ctrl+G	打开"网格线和参考线"对话框	Ctrl+H	打开"替换"对话框
Ctrl+I	应用（解除）文本倾斜	Ctrl+J	段落两端对齐
Ctrl+K	插入超链接	Ctrl+L	段落左对齐
Ctrl+M	插入新幻灯片	Ctrl+N	生成新PPT文件
Ctrl+O	打开PPT文件	Ctrl+P	打开"打印"对话框
Ctrl+Q	关闭程序	Ctrl+R	段落右对齐
Ctrl+S	保存当前文件	Ctrl+T	打开"字体"对话框
Ctrl+U	应用（解除）文本下划线	Ctrl+V	执行粘贴操作
Ctrl+W	关闭当前文件	Ctrl+X	执行剪切操作
Ctrl+Y	重复最后操作	Ctrl+Z	撤销操作
Ctrl+Shift+F	更改字体	Ctrl+Shift+G	组合对象

续表

组合键	功能描述	组合键	功能描述
Ctrl+Shift+P	更改字号	Ctrl+Shift+H	解除组合
Ctrl+Shift+ "<"	增大字号	Ctrl+ "="	将文本更改为下标（自动调整间距）
Ctrl+Shift+ ">"	减小字号	Ctrl+Shift+ "="	将文本更改为上标（自动调整间距）